看自己

现代症的心理解剖

柯晗 著
王静思 绘

机械工业出版社
CHINA MACHINE PRESS

一生中总有许多谈不上要见心理医生，却长期困扰心灵，不大不小地影响着生活和情绪的烦恼或怪癖，比如：有一个让自己懊恼数十年的名字；恋床恋家，不敢贸然留宿在外；害怕一个人吃饭；又有在和他人互动联系中的偏听偏信，如相信门当户对是受的唯一真理，或是没有爱情就要发疯；甚至有些人会为所谓常识左右着而迷失自我，如相信“女人30岁前不结婚就嫁不出去了”“内向的人是不适应这个社会的”……这些都是心理亚健康状态。本书以扎实的心理学基础，融入温和的文字描述，温柔剖析心理亚健康状态，帮助读者更好地认识自己，寻找到治愈的力量。

图书在版编目（CIP）数据

看自己：现代症的心理解剖/柯晗著．—北京：机械工业出版社，2016.8

ISBN 978－7－111－54908－6

Ⅰ．①看… Ⅱ．①柯… Ⅲ．①心理学—通俗读物 Ⅳ．①B84－49

中国版本图书馆CIP数据核字（2016）第227151号

机械工业出版社（北京市百万庄大街22号 邮政编码100037）

策划编辑：姜佟琳　　责任编辑：姜佟琳

版式设计：李自立　　封面设计：吕凤英

责任校对：陈　越　　责任印制：李　洋

保定市中画美凯印刷有限公司印刷

2016年10月第1版·第1次印刷

145mm×210mm·6.625印张·144千字

标准书号：ISBN 978-7-111-54908-6

定价：35.00元

凡购本书，如有缺页、倒页、脱页，由本社发行部调换

电话服务

服务咨询热线：010－88361066

读者购书热线：010－68326294

010－88379203

网络服务

机 工 官 网：www.cmpbook.com

机 工 官 博：weibo.com/cmp1952

金 书 网：www.golden－book.com

教育服务网：www.cmpedu.com

推　荐

科学研究表明，幸福人生的秘诀在于“不拧巴”。在这本书里，柯晗将心理学的智慧溶入到细腻的文字中，完美地诠释了这样一个道理：许多时候，我们的种种问题之所以令人苦恼，恰恰是因为我们把它们当成了“问题”。换一个角度看待自己，接纳并欣赏自己原本的样子，许多心结便会迎刃而解。可以说，本书是一本幸福生活的行动指南。

——心理学科普作者 沉默的马大爷

讲“心理”的时候，人们容易将精神和生理割裂开来——要么太生物，要么太精神。美少女柯晗的知识结构刚刚好，有神经科学有精神心理，居然还通俗易懂。

——简单心理创始人 简里里

柯晗是位科学家，也曾任职漫画杂志主编、心理咨询师，还是日本小说与童书译者。这种对大众认知和文学性的关注，让她这些关于心理和自我成长的文章有一种娓娓道来的味道，还十分关切现实。她会写都市人的“物质依存”和“断舍离强迫症”，解释在不断刷朋友圈的强迫动作背后，是人的自恋需求。读《爱上不完美的自己》，会觉得它是一本由活生生的真人写的科普书，有讲解，更有讲述。它是一本可以伴人入眠的枕边书。

——记者、专栏作家 淡豹

拿起这本书，就像回到了一个个和柯晗聊天的下午。有一搭没一搭地分享家长里短，然后得知这些故事与最前沿的心理学科研究之间的关系。幽默的心理学家讲起八卦来也是很毒舌的!

——《城市画报》 杨凡

在我认识的女孩里，没见过一个像柯晗这么脆弱、又像柯晗这么坚强的了。学习心理学的女孩很多，但像柯晗这样的弥足珍贵：她勇敢地凝视自己和他人的伤口，尽最大的努力给出了解决之道。希望你读完这本书，也像现在的柯晗一样，健康、热诚、快乐。

——作家 方悄悄

目　录

第一章 拥抱内在的小孩

你的一切不被主流价值认同的情绪反应一点儿错也没有。错的不是你，而是不愿自我接纳的那个内在孱弱的小孩儿。

第一章

拥抱内在的小孩

你的一切不被主流价值认同的情绪反应一点儿错也没有。错的不是你，而是不愿自我接纳的那个内在孱弱的小孩儿。

氏名认同缺失

所有古老的说法都将名字当成咒文的一种，一旦被命名，便被束缚、控制，打回原形。有人一生拒绝认同它，挣扎痛苦，也从未真正好好看过被命名的自己。

曾经见过一个网络话题，是让大家发泄自己对名字的怨恨。本来打算上前凑热闹，想想心虚地算了。尽管确实曾为自己的名字羞耻长达十几年，但事实上，我有个算得上相当好听的名字，如果叫这样的名字也敢谈怨念，多少会被认为是来砸场或晒命吧。可我真心实意地，为自己的名字羞耻过。

出于安全的需要，人们趋向与群体的选择保持一致。这是个再常见不过的社会学概念：从众。不与大部分人保持一致的选择被视为危险，容易被攻击。这个现象在小孩子当中表现得更加不加掩饰。仔细回忆起来就会发现，小时候被大家挑出来欺负、嘲弄的孩子多半是因为某些方面与大部分人不同：反应较慢，有些脏，特别闷，甚至特别漂亮，或者更加微小的——名字的读写有些特殊。

以我自己来说，“柯晗”这个名字就在不同阶段、以不同的形式被嘲弄过。小学时，男生们管我叫“蝌蚪”。当他们从我身边跑过，就用一种极尽戏谑鄙夷的神情扭起五官，捏着声音喊“小蝌蚪”。他们用声音语言神态氛围……用一切力量往我身上施法，让我变成路边阴沟里黑色绒软的球状小生物。他们成功了。

上初中后，男生开始发育，进入青春期，暴躁盲目，恨不得一夜之间历尽沧桑成为大人，同时变得不好意思再起小学生水准的直白毫无想象力的绰号。但我与名字的平静关系没有维持多久。当课文上到《木兰辞》，他们找到了对我这个不太大众的名字表达意见的方式——《木兰辞》中的新词“可汗”，念作四声和二声，和我的名字读音很像。于是他们在不停地和我进行角色扮演，三五成群跑到我面前，喊我做大王。上课时念课文，念到这句便有几个拔高的声音，硬把这句念成“柯晗大点兵”。

我那时还是懦弱的、从众的、渴望被了解却不希望被特别关注的女孩，为此感到特别恐慌无助，不知如何才能令自己不总被关注。只能幻想自己的名字变成别的。自己的名字不能表达自己，我想这便是人们使用笔名的初衷。

也许不能怪人们对自己的名字诸多挑剔，因为名字确实在一定程度上主宰不熟悉的人对名字背后人的看法。

当一个人名呈现在我们面前，即使没有见过这个人，即使并非自愿，我们也已经在大脑中描画出一幅包含性别、年龄、种族等诸多特征的图景。而这幅先入为主的画面影响我们对名字背后的人的判断程度之深，恐怕令我们自己都吃惊。

2004 年，芝加哥大学和剑桥大学的两名经济学家做了一个实验，他们向波士顿和芝加哥寄送了上千份简历，这些简历一部分被署上典型的白人名字，比如 Emily 或 Greg，另一部分则被署上听上去很像黑人的名字，比如 Jamal，Lakisha。结果发现，被署上白人名字的简历接到用人单位联系的可能性比黑人名字的简历高出 50% 。

类似令人沮丧的结果也出现在性别类的研究上。研究者同样准备了一模一样的简历，不同的是一部分署上典型的女性名字，而另一部分则署上典型的男性名字。他们将这些简历送往 238 名心理学家手中，请他们评估雇佣这些简历背后人的可能性。结果发现，无论这些心理学家是男还是女，他们都显著偏爱署名为男性的简历。

左右人们偏见的不仅是名字的拼写，甚至还有名字拼读的难易度。研究发现，在进行政治投票时，人们对名字好念的候选人评价更高。为了进一步探索姓名拼读难易度和世俗成功之间的联系，研究者还随机调取了一份美国律师事务所的名单，他们发现相比名字难念的律师，名字好读的律师更可能升到更高的职位。这样看来，明星更改艺名的重要性似乎确实有一些依据。

在无关紧要的场合，名字所代表的时代特征还会被我们用于判断年龄，比如近两年我们常见的日本流行儿童姓名，再过十年甚至更久，这些孩子就会被人通过姓名推断出大致的出生时间。

我们投射在名字上而产生的这些效应，源于我们对名字后面的那个人的期待，更深入一点来说，它源于我们大脑各种直接、间接的过去经验堆积而成的刻板印象，即偏见。

但这并不是说我们单枪匹马无法战胜人类意志的懒惰。与其他刻板印象相同，名字造成的先入为主的印象，也会随着对名字背后人的深入了解而被抹去。存在于名字上的性别和种族的偏见，归根到底是源于性别和种族歧视的存在，解决的根本办法只有穷尽此生努力让这些可悲的偏见渐渐消除。

我曾译过角田光代的散文集《礼物》中一篇关于名字的短文，她认为，名字是身体之表，当名字被呼响，命运就会被它所引导。听起来很浪漫，从名字拥有的力量来看，似乎也有些道理，但还是太软弱了些。就像这世上那么多人，使用一个与本名相距千里的代号，作为网名等。我们并非艺人，却自觉进入包装的囹圄。这个囹圄就是“自己”。

过去有个女同学令我印象深刻。她姓一个比我的姓冷僻得多的姓氏，以及笔画繁多的名字：博谦。她同样受到男生们的攻击。找不到谐音，他们还可以攻击这个名字难认和难写。但她本人看起来却并不很在意。在我印象中，她有着倔强的好看面孔，每次介绍自己的名字，她都清晰地重复：因为爸爸希望我博学又谦虚。这份坚定给我留下了很深的印象。

生而为人要承受的束缚远远不止名字，相比加诸肉体和精神疾病上的污名，名字所带来的不便大概是最容易主动摆脱的了——接受它，像接受自己与大部分人相同或不太相同的身体、面貌、想法、过去一样；或改变它，像摆脱付诸自己身上令自己不便的惰性或偏见一样。

所有古老的说法都将名字当成咒文的一种，
一旦被命名，便被束缚、控制，打回原形。
有人一生拒绝认同它，挣扎痛苦，
也从未真正好好看过被命名的自己。

彼得潘症候群

他们把自己心理定格在小时候而不肯长大，发展到了极端，就会沉溺于自己的幻想，拒绝长大。“我就是不想长大”“如果变成大人，我就不是我了。”你总能遇到一两个会这样说的人，或者，那就是你自己。

有几个关于青春期的大众描述，是我始终不能理解的，其中之一就是称少年们“不想长大”。

我对于这个说法的困惑由来已久，并非只是现在作为成人的不以为然。

从小时候开始，看见电视里少年演员们拿腔拿调做青春状感慨：真不想长大啊！我就一丁点儿也无法产生共鸣。勉强看下去这些电视剧的原因，更多是出于维护“为数不多的似乎为自己存在的东西”的心理，说不上有多喜欢。小少年，总觉得世界对自己的关注太少，一不小心就要消失了。

我自己从来就在持续地盼望长大，12 岁盼着长到可以被选为美少女战士或灵界侦探的 14 岁——14 岁才发现既不可能长出美少女战士的大胸长腿，也没获得任何超能力——接着盼着天下无敌的 17 岁；到了 19 岁，稍微忐忑起 2 字开头的世界，可一旦跨进去马上又开始期待完美的 28 岁，28 岁之后，还会期待数字看起来很帅的 33 岁。

有一部有点年头的美国电影《女孩梦三十》（13 going on 30），说一个太不起眼的女孩儿因为强烈地期待自己快点离开蓬头垢面的青春期，真的一夜之间变成了三十岁熟女。三十岁！一点儿东亚文化所恋恋不舍的青春的尾巴也没留下，直接蹦到了被我们蔑为“豆腐渣”的三十岁。虽然故事并非讨论少年盼望长大的心思，而且女主角“不费吹灰之力就跨过所有该经历的努力”这点也十分糊弄人，但这部电影总算叫我放下心来：原来也有许多人像我一样期待长大。

至于自己为什么不能同意“不想长大”的心情，我一直没有细想。直到读到台湾作家骆以军在散文集《我爱罗》的其中一篇。那里面讲到一个日夜颠倒的女孩儿，“过着每天坐在酒吧等天亮的日子”。某日她如常喝醉在小巷呕吐，看见一群晨起的老人，意识到他们已经开始新的一天，而自己“还留在昨夜”。

即使第二天醒来，也依旧身处新一天的“昨夜”。多么恐怖，永远留在昨夜，在连绵不断的日历上，仿佛总是丢失了一天。

“不长大”在我看来，就是像这样被时间抛弃，一种近乎恐怖的遗憾。

但确实有一群人宁愿永远留在昨夜。

“彼得潘症候群”并非正式列入诊断标准的精神问题，它主要是由一些临床心理学工作者或流行心理学的学者们对某一类共同特征的总结。它顾名思义来源于童话《彼得·潘》中那个为了飞翔、为了能去梦乐园而拒绝长大、宁愿永远留在少年时的小飞侠彼得·潘。与这个永远年少的形象相对应，彼得潘症候群的比较典型的特征包括：厌恶承担责任，经常或明或暗地表明不想长大，对重复的生活秩序很容易厌倦，持续追求刺激，很难长时间停留在一段关系里，不停更换更年轻的伴侣，或总是更换职场，有严重的工作适应问题等等。

值得注意的是被观察到有彼得潘症候群的人群里，男性明显多于女性。一些观点认为，导致彼得潘症候群的是童年时家庭的过度保护，以及家庭和教育环境疏于传授必要的社会化技能，以致于他们认为“成人世界”是腐坏而有问题的，只有孩童或青春期时期才高尚闪光。

这些观点也认为，由此带来的对成长的不适应，进一步造成了他们的焦虑和低自信。因为缺乏控制能力，才不断更换新伴侣，并倾向越来越年轻的伴侣。因为年轻的伴侣更少要求计划未来，不需要承担共同成长和规划人生的责任。这种低自信，也可能以自负的这种一体两面的形式呈现。

有彼得·潘，自然就有温蒂。这些流行心理学的总结中亦提到了经常和彼得·潘症候群的男性一同出现的“温蒂症候群”女性。她们站在这些彼得潘背后，通常是他们的伴侣，为了维持这段关系，而承担了过多关系中的责任。

尽管并非精神问题，但值得警惕的是，彼得潘症候群的人通常都认为有问题的是外界环境，是这个社会，而很难意识到自己也许也需要改进。

为何临床工作者和一些参与的学者一致指出这种症状在男性身上更加突出，我想也许与父权社会的文化建构有关。尽管性别平等存在于地球上的一些地方，当下人类社会依然以父权为主导。崇男的文化下，对男生的养育很容易出现不易察觉的过度保护，两性角色刻板印象的传递，也会让孩子失去理解他人与自我之丰富的柔软思维，导致自我意识模糊萎缩，有时则反向发展，变成自我膨胀。

回到不想长大与期待长大之争，我总想起前几年夏天曾一度联系的一个小女孩。

那年夏天我作为心理咨询师，参加了某基金会组织的一个公益活动，与一名农民工子弟学校的小姑娘通信至她初中毕业，或无论多久。她看起来那么孤独需要依靠，第一次见面，她就和我说起进学的烦恼：不知该选择继续念高中，还是索性去工厂打工。在遇见她之前，我狭隘的人生中真的没有曾经哪怕一度想过，自己可能有“无法进学，初中毕业就工作”这条人生路。

后来我们通起信，她写道担心自己性格太内向，成人后工作生活无法适应。“不是都说到社会靠朋友吗？”她操着自己无法理解的老气江湖腔调。她的未来始终充满比廉价励志故事更沉重的灰扑扑的现实与愁苦。我感到无从回应她。

再见她是在一年后，她已经初三准备毕业了，基金会为这批孩子和志愿者组织了一次活动，算是对彼此关系的一个纪念。时隔一年她出现在我面前，倏地拔高了一截。

她上前很爽朗地朗读了一段自己的未来计划，和我说话时也不再优柔躲闪，回答问题都显得简洁有把握。我很少和十来岁的孩子打交道，不知道小孩子的变化能这么大，言辞枯竭，半天只说出：“你长高了好多啊。”她倒落落大方，笑笑答：“长大了嘛。”

一年前她大概还不足一米五，和我合影时人在我肩头处，且柔弱多思虑，真的像她自己担心的那样内向。即使是这样的她，也决意披荆斩棘地一步步往前踏行。反感自然成长，固执维持当下也并不怎么样的自我的彼得·潘们，令他们依依不舍的，到底是什么？

怎有人一生拒绝面对人生，还敢奢望最终有所获得。

真正的勇气是对自己蜕变的期盼，
怎有人一生拒绝面对人生，
还敢身亡最终有所获得。

进食孤独恐惧

弗洛姆说，“一切恐惧都来源于孤独。”真正的孤独，是束手无措，无能为力，只能任凭自己被世界淹没。那也许就像你必须孤身一人坐在饭店中央，面对芸芸世界咽下一顿饭食那样，令人恐怖。

我从来不将自己定义为吃货，直到有一天收到了一条信息。

刚来广州不久的一个朋友询问市内好吃又不贵的日本料理店。原本在百无聊赖陪家人喝茶的我，一下来了精神，放下茶点“啪啪”打过去两条长信息，从性价比、店面装修到最佳菜式等各个角度推荐了不下8个店。

那是即将离开居住了几年的广州前一夜。发完信息后，我意犹未尽地发现，自己脑中的城内美食店讯息足够做好几期生活杂志的搜店栏目。而在来到这个城市之前，描述美食的句子跟我是互相不认识——到底怎么样的能力才能让人对着一碗叉烧面说出那么多废话?

作为一个外地人来到这个城市之初，在有固定逛街吃饭死党可以一起打发时间之前，我对吃饭不在意之至，经常百无聊赖下楼扒碗面了事。即使现在，我依然不时觉得人类能摆脱进食的话是节约时间和精力的一件好事。这样的我知道那么多美味饭馆的信息，只是因为那些都是和朋友去过的店。

那些好吃的店们的全部意义，只是在于可以和他们一起，汗涔涔地挤在旋转寿司台狭小的座位里，或者四仰八叉摊在火锅前，把一切不快、孤苦和闷，都和着食物一顿大嚼。有时一个人吃到不错的店，立刻记下来，盼望有朝一日和他们约了去。有间名叫“流金岁月”的沪杭菜，在东北和四川口味的朋友终于体会到它的好之前，身为江南人的我每次去光顾都非常的寂寞和不满足。一模一样的食物，在有朋友在场时才忽然镀上流光；所有用来形容食物的词语：口感、味觉层次、汤汁薄厚……在和朋友一起吃过之后，才突然脑袋里浮现出来，和眼前的食物相连。

经验如此主观，纯粹的味觉真的存在吗？

答案十分存疑。事实上，一切细节都有可能影响人类的进食行为。

比如无处不在的知觉错觉：荷兰与美国的两位研究者发现，食物与器皿色彩较和谐的情况下——如绿色蔬菜配绿色盘子，番茄意面配红色碗，人们要多吃22%的食物；大碟子会让人们低估其中的食物量（面积错觉），而使用和碗碟色彩对比度大的桌布，会让这种面积错觉进一步加剧，吃下比平常更多的食物。

比如脱敏效应：研究发现比起自己亲手做的饭，人们觉得别人做得更好吃，很有可能是因为自己在做饭时对食物的关注影响了稍后品尝时的新鲜感和投入。

还比如，微妙的社会压力：如果你是个姑娘，和别人一起吃饭时如果穿着宽松的衣服，你就会对自己吃得是否健康更加在意，而选择吃更多的沙拉等素食，以消灭自己在他人眼中越来越胖的错觉。

再比如氛围的感染——连餐厅服务员的体型都能影响人的进食量：如果服务员的身高体重比较高，即看起来较圆润，客人的点餐数量特别是点餐后甜点的概率大大升高。这也许能够解释为什么你妈妈特别喜欢叫那个你不怎么喜欢的胖胖的男死党来家吃饭。写及此，也希望不至于害饭店的瘦伙计失业。

如果将环境氛围与个人意识搅在一起，我们则会全线崩溃：一群对进食心理学大感兴趣的心理学家发现，如果把人摆在一个脏乱的厨房里，再给他纸笔让他写下自己失控的经历，他就会不断吃下大量饼干——比身处干净厨房的人吃得要多。而身处干净厨房的人无论是失控经历还是自律经历，吃掉饼干的量都不会受到影响。

这样看来，至少在吃上，自诩万物之灵的我们，似乎并没有多少自由意志。——此刻读到这里，有多少人已经想放下书去整理厨房？——而在这所有左右自由意志的因素当中，同席的饭搭影响又有多大呢？

在一个参与人数为 105 人的进食实验中，比起和男人一同吃饭，有女伴作陪的男士要多吃几乎一倍的食物。虽然他们没有说明原因，但大概不外乎生理唤起造成消化加速，或提升热量摄入，下意识为之后的行为做准备这几方面。

排除饭搭的性别考量，和朋友一起吃饭时，人们会比看着电视吃饭时吃得还多。这并非简单地由于我们的注意力被谈话吸引，从而刺激了进食。同一个实验发现，和陌生人一起吃饭时，人们吃得并不比独自进食时多多少。

至于和朋友吃饭确实对食物口味有所增益。有一年十分幸运，我被请吃怀石料理。食物所配的器皿各不相同，比如早春的煮物用花瓣形状的小碗盛装，甚至每一位客人的器皿也都相异，目不暇接地一道道吃下来，最后举起酒，朋友却这样说："日本有一句俗语：'吃饭之味，友情占 50%，环境 30%，食物色相与石器 15%，味道本身只占 5%'。"在这个以执着细节著称的进食文化中，共席进食之人的情谊所占比重之大，以致那些费尽心思的摆盘刀工，都可以降为陪衬饭搭的陪衬。

在不少西方国家，甚至早已存在一种饭搭代理，专门为富豪或商务人士寻找陪吃饭的伴侣。服务说明与性服务无关，只为那些独自在旅途中的孤独的人寻找一起享受面前美食的人。而民间陌生人约饭的社交平台，自几年前就已经由海外悄悄兴起。

我们，是那么得害怕一个人吃饭。

不管在家里也好，外面也好，独自面对明净的桌台和上面的食物，不管周围空无一人，还是人声鼎沸没有人注意，甚至是一江美妙的夜景，我们都难免胸怀畏缩，无所适从，放不下心来低头陶醉地扒上一口饭。表情不是太夸张，就是太谨慎。

这是为什么呢？是因为进食是我们最无防备的一刻吗？自远古时代，万物蛮荒，捕猎之后最恐惧进食的时候。至今看野生动物节目，猎豹在取得食物后一口一抬头，完全不敢松懈，即使这样，趁猎手专心于食欲时抢食成功的事情仍然常常发生。所以人类群居，点起篝火，聚成一群在安全的地方才开始用餐。直到如今，我们也对在众人面前暴露自己脆弱的进餐时刻感到害怕，只有跟信赖的人一起才觉得安全。

这段十分进化论的民间科学的解释也许只是胡扯，但人们确实为了逃离进食的孤单，不惜长途跋涉穿过下班后的城市，或斥资问商，寻找一个饭搭。

最近一次和姐妹去吃涮涮锅，吧台坐着一个独自前来的男人，一个人面对热气腾腾的锅子和闹哄哄的我们，全程微笑，内敛而小心翼翼地夹起每一片菜叶滤干才吃。我们忍不住降低音量，担心起这边的喧闹会戳破对面独自进食的孤独。

有时我想，我们执意留在远离家乡的几个大城市，每天奋力而忧伤地上着班，也许跟梦想、野心和抱负都无关，只是希望和来自遥远各地的朋友们一起吃饭的快乐时光，能再长一些吧。

一切恐惧都来源于孤独。

真正的孤独，

是束手无措，无能为力，

只能任凭自己被这个世界淹没。

味觉与本我

人们面对真实自我时，要是也能像面对自己的“味觉本我”一样直率就好了。

我有位大小姐朋友，即我国流行语中的富二代，家中交往之人生日送礼送的是知名跑车程度的富有。她曾在日本某教会女子大学留学。且在日本这样的一个清洁环保克制的国家，代表餐食都是符合现代营养标准的、少油少盐烹饪的当地蔬菜和低热量白肉，高端典雅，卡路里低，如此完美的大小姐设定，但大小姐几乎没有遵守任何设定，尤其在吃上，每天哭喊要吃街头麻辣烫，还嗜红肉如命。

几年前，我去大阪找她玩，她领着我去了大阪福岛地铁站（不是福岛核电站所在地）附近一家质朴无华的深夜小料理店，全店原木制，酒品写成毛笔草书贴在墙上，我正期待着她帮忙点一桌精巧小料理，她坐下二话不说先点了一盘炸鸡块。

许多人也可能有同样体验：明知道高级巧克力的口感味道才是上品，但依然会吃超市里散装售卖的金币巧克力吃得停不下来。那粗糙的粉状质地、劣质可可粉的甜味，和高级手工制品通过味蕾刺激的是你大脑中同样的区域，而劣质品使你分泌的多巴胺甚至更多。因为，那是来自你儿童时期的味觉回忆。

如果将人类味觉构成用弗洛伊德老爷子过时但流行的人格结构打比方，人根本的食物偏好就像是味觉中的“本我”。这种食物偏好，指的是在十分饿或孤独时会特别想吃的食物。它高度受本能和儿童时期的食物构成影响。

本能的部分指的是本质为食草动物的我们对甜食和甜味饮料的偏爱，这是因为甜味暗示食物含有较高热量，有助于生存；同样的，对于高热量高油分的垃圾食品的喜爱也来自于进化的本能趋势：首先保证身体有足够热量供给，得以生存下去——减脂、塑身、美容等，都是生存之上的次级需求，在考虑食物时，大脑才不会首先考虑这些。而婴幼儿由于大脑和身体都尚在发育，因此格外偏爱甜味食品。难怪在吃久了清淡高雅之后，还是得呼朋引伴来一顿麻辣火锅，或炒上一碟泡菜肉。因为很遗憾的，从本能上我们就不太可能发自原始冲动地热爱清淡细腻的料理。

同时，儿童时期口味的塑造也对你一生味觉的基本倾向有相当大的影响，就像那套理论中宣称“本我”决定你的基本生理追求一样的。美国的一项研究发现，当下美国儿童吃水果的量比蔬菜大得多，4 名孩子里面只有 1 名每天吃一样蔬菜。蔬菜大多不含甜味，甚至有些微苦，苦味在进化中和有毒的危险暗示相关，是人类本能希望避开的口味，这种排斥在儿童身上则更加明显。父母在早期如果不有意培养孩子吃蔬菜的习惯，纵容他们对甜食的偏好，很可能导致孩子在长大后对甜食没有节制的偏好，以及随之而来的肥胖、蛀牙等问题。

另一个塑造我们食物偏好的因素就是情感连接。愉悦的体验和多巴胺的分泌有关，当这些愉悦体验与食物口味同时出现，食物及其相关的回忆也在大脑中与愉悦建立了稳固联系。比如，非常容易理解的，对妈妈味道的眷恋；比如开头说的大小姐朋友，她那离高尚典雅比较远的接地气的口味爱好，多半源于小时候被养在弄堂的经历。生活在诸多发达资本主义国家的留学生们为什么如此依赖老干妈。因为与这些浓油赤酱重口味爱好相连的，是曾经被熟悉的环境环绕、各种饱含意义的回忆。

美国一项对战后参战人士的口味研究从反面验证了感性体验对食物偏好的影响。研究发现太平洋战争在前线近距离接触过敌方的人，对东亚食物比较排斥；反之战争中不曾在前线参战过的人则更能接受东亚食物。

由于生物本能、进化塑造，及总体生活水准差异这些原因，大部分人发自内心地更趋向重口味的，并不那么精细讲究的食物。因此在高级酒店正襟危坐久了，难免腰酸背疼；高级料理中间总要穿插大排档和苍蝇馆子。芦笋、鹅肝、吃橡果长大的野猪熏肉火腿，这些品位的标杆就像是味觉中的“超我”。在经典精神分析理论中，若象征社会价值、理想、道德范本的“超我”主控人格，压抑“本我”太过，总会遭到本我的反抗。

英国畅销不衰的美食达人奈吉拉就是个有趣的例子。其料理风格一反精细优雅、低热健康的大多数美食节目风格，走家常、粗糙和低技术含量路线，节目中经常是草草做一盘量大汁多的肉酱意粉就算数，或挖出热情的果肉随便浇在奶油乱淌的蛋糕上，放了学的小儿子进门，搬起凳子上桌徒手抓蛋糕吃。

她的走红，就像是来自我们内心对粗糙重口味饮食的坚定向往，向单调的品味标杆的反抗。

从人类开始思考伊始，我们就不断地追求某种完美的人格。子曰如何如何，君子当如何……但时至今日，五花八门的个性倾向依然在全人类身上争奇斗艳。既然都尚不能统一出一个体面完美的人格，那么，每种不同的生活选择也都应当被允许和接纳吧。

想象一下有这么一位年近三十岁的都市女性，只会基础家常菜水准的料理，拿手快料理是煮面。对研究菜谱不甚有兴趣，不是很懂高级自助餐等任何象征消费社会高尚品格的元素，卧室状况偶尔被评价为“野人”……这样的女性即便已不必在亲戚和坊间八卦中被通报批评，也绝不可能成为人们憧憬的对象、生活楷模一类的人物。在数年前，她还会被冠以“干物女”的概念，意为这样生活的人像鱼干一样。近年来，随着这一概念的逐渐过气，像这样生活的人也逐渐理直气壮了起来，希望这些小反抗能逐渐将我们引到能更轻松生活的世界吧（P. S. 以上那名可敬的女性确实是我）。

与劣质食物喜好的相连的，
是曾经被熟悉的环境环绕、
各种包含意义的回忆。

唯有食欲与心不可掩饰

食物对一些人来说，可能是爱的替代品。穿越大陆来到英国后，我变得前所未有地热爱做饭。

花很多时间在厨房，主要的消费是在超市买食物与调味料，甚至开始自发研究新的菜式。难以想象在国内时我根本尽量避免在三餐之外的时间走进厨房，而现在与室友热情如火地去赶兰市每周两次的市集，抱回的食材有时要用宜家购物袋装，必须竭力抑制才能压下自己写美食文章的冲动。放在国内时，哪会以这种热情对待一个菜市，更是想也没想过自己有朝一日会开始写食物。

难怪海外留学生爱自嘲说其实留学念的统统是“新东方厨艺学校”，每个留学生都是上辈子的厨子。

大概东亚文化圈确实比英国更迷醉于食物，与之相对地，英国人的激情则用在了阳光上。对来自东亚地区的人，无论日本，还是中国，旅行度假最大的意义之一就是吃当地美食。而对英国人来说，去不以阳光著称的地方度假则是不可理解的，在阳光下发几个小时呆，这种东亚人难以理解的休憩才是度假的真谛。

东亚人特别是我国对食物的爱好，与悠久的历史和丰富的物产不无关系，但留学生们为什么这么执着于食物，却不是因为我国吃货比例特别高。实际上，各国的留学生都特别执着于在异国坚持本国的饮食习惯，这并不是简单地关乎“中国胃美国胃”，而是食物的偏好是进化和后天环境共同塑造的结果，我们依赖于本国的食物，是因为它们和环绕我们的环境与特殊的记忆相连。

这种身心一体互相影响的关系还体现在人的种种欲求与食欲、消化系统之间常有联系，有时还互相转换替代。比如紧张时胃疼，伤心时大吃，失恋不高兴时吃些巧克力也能通过促进多巴胺分泌而起到帮助稳定情绪的作用。除了如巧克力、香蕉这些食物中一些成分对神经系统起到调节作用，“填饱肚子”这个信号本身，就能安慰我们的大脑。

事实上，“饿”这个感受，并不完全是胃发出的信号，有一半来自我们的心理需求。食物对一些人来说，可能是爱的替代品。我有个同行，一次与我们分享自己的童年创伤，说到父亲早逝时，吃完晚饭没有半小时的她突然说肚子饿，一定要吃些东西才能继续说下去。多有趣，当她感到不安，大脑向她发送需要安慰的信号：饿，非满足它才能继续面对那份不安。饕餮之欲与心的渴望是那么相关，以致难以掩饰。

另一些有趣的心理需求亦影响我们对食物的渴望。比如我们都有吃光手中食物的心理倾向，因此通过增大单个食物的体积，就能简单地让人多摄入食物。一系列数据发现美国的糖果比法国的平均体积大41%，连酸奶盒都比法国大出82%，与此相对应的，美国的肥胖率为35%，而法国仅为7%。

食物的色香味等享乐价值也会激起人们的食欲，研究发现受肥胖困扰的人群尤其会受到食物的色香味刺激的影响，也就是说越胖的人，越容易在明明不饿的情况下，受食物色味诱惑而摄入不必要的热量。反过来，控制不必要的进食，是减重的关键策略之一。

心理需求能让人多吃，亦能让人失去食欲。最典型的情况发生在饮食障碍（Eating Disorder）患者身上。这是一种受到社会认知影响，多发于青春期少女身上的心理问题。患者由于对自己的身体抱有不恰当的认知，而陷入厌食或厌食暴食的循环。正常人体重高于理想体重的15%才被认为是肥胖，然而进食障碍患者不管多瘦都认为自己太胖，不惜用呕吐或使用泻药的方式避免正常进食。德国的一项神经研究发现，有减重压力的女性光是看到“大腿”“胳膊”等身体部位的词汇，就比不减肥的女性呈现出更明显的负面情绪脑波。

唯有在食欲面前，我们的心是无法掩饰的。

而在孤独的异乡，每天睁眼就有三万件事等着考验你的文化适应性，一天也说不上一句母语，听讲座时再也不能偷懒，一走神就会跟不上……此时，只有厨房沉默的灶台会温柔地接纳自己的走神，不发一语的食材调料是自己为数不多能完全掌控的对象。一顿饭下去，胃发出的饱足信号可能是你今天获得的最高满足。怎么能不爱上烹饪呢?

这么说来，那些原本就自称爱好美食与烹饪的人，也许是常在世界中感到孤独吧。

唯有在食欲面前，

我们的心是无法掩饰的。

名为“我”的鬼

“每个人都是全世界独一无二的存在”，当这句话被说出来，并大肆宣扬到现在这种程度时，它就不再是事实了。

一天收到少女 Y 的咨询来信。

“我不喜欢别人和我用一样的东西，甚至不能和我喜欢同样的人或东西。如果发现别人和我一样，我会疯掉。”她说。但是有人这么做了，并孜孜不倦，每次必让她知道，“她总买和我一样的东西，在我面前晃，还发照片给我。”少女 Y 说，她感到心理压力太大，已经不知该如何是好。

她管自己这股疯狂的欲念叫占有欲。“很犀利”她这样形容。

这是一种让许多人心有戚戚的烦恼，人人都一定无数次和它正面相遇。你可能有过一个这样向你抱怨的女同学：“同宿舍的女生不知怎么回事，我买什么她就买什么，我穿什么风格她也去穿，也不看自己是否适合……”

它亦有可能反过来袭击你：比如你和朋友之间也许发生过这种争吵，当你因为不小心和 TA 使用了同样的东西：物品、衣裳乃至词句和话题，TA 就毫不掩饰地不快起来，甚至当面质问起来：“你什么意思?”

大部分人可能都会用独占欲解释自己的这种情绪，但这不是单纯的占有欲，因为我们根本无法独占这些我们为之争吵起来的东西。

我们所购买的物品、衣服，进行的搭配，所谈论的这些话题，甚至使用的一些词句，它们大多并非什么独一无二的东西。无论再难淘买的物品衣服，都是批量生产的服装工业制品；你在门店购物中独具慧眼的选择，是买手从大量货源中挑选出来的最能反映当地销售情况和购物习惯的主流商品，而这些货品的背后是原料生产采购、设计和生产系统，每一个环节都是以利润为导向的。也就是说所有这些商品，都很难具有独一无二的可能性，更不可能为世上任何人所独有。与此类似地，大部分搭配逃脱不出人体结构限制和流行趋势之外，许多关于话题和用语习惯雷同的争吵，也都不具备上升至抄袭的独特性。

我们为什么会对根本不独属于自己的东西，产生独占的错觉？或者说，我们为什么会如此渴求以外物确认自我的独特性？

文化的变迁是一个可能的原因。

一个狩猎社会的猎人不需要确认自我，因为他每天都需要调动全身感官、不断锤炼自己，来应对随时不同的境况。而日益强调个人主义文化的现代，一边将人们规格化投入生产，令人们每天做着同样单调的事情，另一边又向人们强调人的独特性，鼓励人们寻找独一无二的自己。矛盾之下我们只有通过购买来实现对独特自我的标榜，这就是消费心理学中所说的“安慰性购物”——人们购买不是因为存在物质需求，而是为了满足情感需求。为了安抚被单调程式化的工作压抑的内心，治疗日常生活中的不愉快，以及可能为了摆脱作为身为系统螺丝钉的沮丧。一项联合了四所大学的研究发现，在让参与者将自我带入一段悲伤的影片之中，之后研究者发现和没有看影片的控制组参与者相比，他们会花接近 4 倍的原价去买一瓶水。

夹在个人主义文化和去个性化的社会生活中间，反复体味着沮丧的我们，购买以及维护所购买物对自己的独特性，成了安抚我们心灵的必需品。

于是我们从精挑细选、与他人为了并不独属于自己的大众物品起争执，促生出强调独特性和唯一性的销售。有一阵日本十分流行通过简单更换配件使流水线产品凸显出使用者的个人特色的生产方式，比如随行杯，更换掉夹层中的彩纸，就能成为只属于自己的杯子，称为“MY 杯”。一时间“MY”的概念风行于各种日常用品上，就像如今随处可见的“独属”“你的”。再往下则发展到 DIY 文化，定制和独立设计的流行……

北卡罗来纳大学的柯特·格雷（Kurt Gray）及其同事的一个研究揭示了这种对物的独特性追求中有趣的一面。他们发现，女性搬到更发达的城市，在购买鞋子上则会追随潮流，购买和当地女性平均鞋跟高度相近的鞋子；而搬到相对不发达城市的女性，则不会跟随当地潮流，在这方面倾向保持自己原来的风格。

如此强调物品独特性所表达的个体独特性的我们，为什么会在个性化“竞争”更加激烈的都市，表现出从众呢？研究者认为这是由于时装的“下渗一致性”的原因，即对于服装的趣味偏好会从阶层的金字塔顶端往下渗透，但不会反过来从低阶层往高处渗透。其他领域也许有底层偏好反渗上层的情况，但服饰、时装是最容易接近上层的方式，因此更加直接地体现了人们对地位的追求。这并不是“从众”，而是有选择地强调“独特性”，在竞争更加激烈、平均阶层较高的发达城市，通过靠近高阶层的偏好（鞋跟），将自己从较低阶层的趣味中区分出来。所以，你所认为的追求个性的独特自我，可能比你想象的要势利得多。

归根到底，在缤纷的物质文化中，沉迷于独属概念的我们，在乎的不是物，不是那些衣服、搭配，根本上缺乏创造性的流行词句……而是自己那唯有在这些外物的包裹下才能确认的、越来越模糊的“自我”。

这真是独属人类的永恒问题，因为所有的生物里，只有人类有自我意识，并对之生发出执着，以致著书立说为它建立理论，以致催生层出不穷的产业来支持人们区分他人与自己的物质需求，以致有时从中生出艺术和文学，有时则只生出病。

“每个人都是全世界独一无二的存在”
当这句话被说出来，
并且大肆宣扬到现在这种程度时，
它就不再是事实了。

心的房间和安全依赖

全世界有65%的孩子会在1岁时与父母建立安全的依赖关系。当父母在，他们不害怕背对父母探索世界；当父母离开又返回，他们会大方地迎接、坦率地哭泣。等到他们长大，就会相应成为更加开朗、积极、坚强又温柔的人，更有活力、和更容易交到朋友。也许，还被余下的35%别扭的非安全依赖型终生剧烈地羡慕着。

你的房间即是你的心。

确切地说，围绕在你周围的个体环境，很大程度上展现了你的个性。这个非常直观的心理镜像被用在许多文艺作品里，用以隐喻角色的内心。

比如《戏梦巴黎》里性感的姐姐，房间却布置得像个七八岁尚有公主梦的小女孩，片中她虽然对外是个成熟性感的成年女性形象，实际上和孪生弟弟的依恋毅然停留在婴幼儿时期未分化，而她的房间则是被她隔绝的心灵真相。著名心理电影《黑天鹅》里女主角的房间也同样是她内心的道具，已经超过 20 岁成年的她，在母亲的人生规划控制下，内心幼稚得像小女孩，如同其未成年少女风格的房间，这个房间甚至从不锁门，象征着她作为独立人的隐私也一直被剥夺，被强行与母亲捆绑为一体。

人的个性与围绕自己的个体环境之间的关系，无论如何都是不能割裂的了。其间交互影响的关系也十分有趣。

一直有人试图证明桌子、房间乱和有创造力之间的关系。明尼苏达大学心理学家凯瑟琳·沃斯（Kathleen Vohs），用这样一个实验来求证：让两批人分别在两个办公室里工作，一个办公室整洁，一个则乱七八糟。两批人执行相同的任务：想象乒乓球的其他用途，并把它写下来。结果在两个房间的人想出的主意总数相同，但待在杂乱办公室的人的主意更加新奇有趣。

类似的实验还有许多，比如让两批人分别进入整洁和杂乱的类似餐厅的空间，并给他们两份菜单，一份写着“经典选择”，一份写着“新品”。结果发现杂乱空间中的人更倾向于选择新品。

这些实验看起来都支持空间杂乱和创造力之间的关系。对这类结果的解释大多是：物品摆放不遵从惯例的空间，能激发人们寻找新线索的倾向。但这是否说明空间杂乱和创造力的关系反过来也成立呢？尽管据说乔布斯、爱因斯坦等以创造和想象力著称的名人桌面都很杂乱，这些个例和上述研究证据还是无法直接支持“有创造力的人个人空间都比较杂乱”这个观点的。

但就像一直也有人试图证明爱迟到和有创造力之间的关系一样，我们至少能从这些研究行为中觉察出，自认（或确实）有创造力人在多么努力地正当化自己懒散和凌乱的生活习惯。而这些努力大概或多或少分散了他们规范化自己生活和个人空间的精力。

这样说来，被个人行为倾向所影响的个人空间及对空间的感受，确实是能够预测个体的一些人格倾向的。

2002年，《人格与社会心理学期刊》（Journal of Personality and Social Psychology）上的一篇研究发现，人们确实能通过观察房间的多种线索推测出房间主人的个性，这种观察得出的结论在一些维度（如：开放性、内外向和责任感）上有一定准确性。

再比如，个体对个人空间秩序的感受与性格特征也存在一定关系。有人的内心房间是小得看不见的，有人的则大至几乎全世界。

旅行这种将个人空间打包携带的方式，特别能体现人们的个性特征，这也是为什么常建议恋人以一同旅行来深入了解对方吧。

梁文道的一篇短文《同居》中写过一个每晚到他家留宿的女生。女生背个大包，里面日用品一应俱全，甚至有隐形眼镜药水——她不向主人借用任何东西，也不在别人屋里留下任何东西——尽管她每天都去留宿。醒来她就收拾东西离开，仿佛一个不存在的人。她背着自己小小的心，在别人的心里四处流浪。她看起来就像一个没能建立起安全依赖关系的幼儿，多疑而不置可否、反复托付他人又割裂联系。

和所有偏内省的人一样，我属于容易产生旅行焦虑的人。喜欢在外出时妥当地收拾好一切东西，自己的毛巾牙刷、卸妆化妆水眼霜精华乳液隔离霜、内衣裤，以及卫生用品，有一样没带上就会心神不宁，对缺东短西的自觉会让我浑身不自在。因为太繁杂以至于特别懒得出门外宿。每次必须外宿就得费很大劲鼓起勇气收拾东西。即使是短短一天的旅程，回家后也只想在沙发上躺到“恢复生活秩序”。重建生活秩序，会耗费内向者额外的精力，建立新的关系也会格外慢一些——无论是和他人还是和自己的空间。

而我的朋友麦麦就不是这样。她总是即兴就留宿女朋友家里，既不带乳液也不带毛巾，做了决定就去楼下便利店买纸内裤和一支牙刷，第二天穿着同样的衣服来上班。有一年冬天我发烧在家，她和另一个朋友兔子傍晚来煮苹果糖水给我吃，玩着玩着就决定住下陪我，和病得脸色发黄的我睡在一床大被子里，身上不搭调地穿着我的睡衣。第二天她们还帮我熬了稀饭才离开。

不害怕在别人的房间逗留，对提出留下一起睡不会感到不安，还会亲密地主动要求来你家玩，亲昵可爱得就像从前住在一个大院里，一起在家门前空地上玩的儿时朋友。我小时候面对这样的朋友就既害羞又喜欢，因为自己从来问不出口是否能留宿。她们那颗柔韧又收放自如的心深深地吸引着我。

不过，是不是没能建立安全依赖就只会变成个别扭纠结又偏激的大人？即使最新的发展心理学研究也对两者的相关指数言辞谨慎。因为你总会长大并遇见各种在实验室里无法设计的事情和人，得到许多难以测量的感悟，没人敢说你一定比谁们能得到的快乐少。

比如用理性思考说服自己一些个人物品是可替代的，并携带一两样自己熟悉的东西到新的空间，来帮助自己建立归属感。这种成长的变化也是并非人人都有的人生体验。

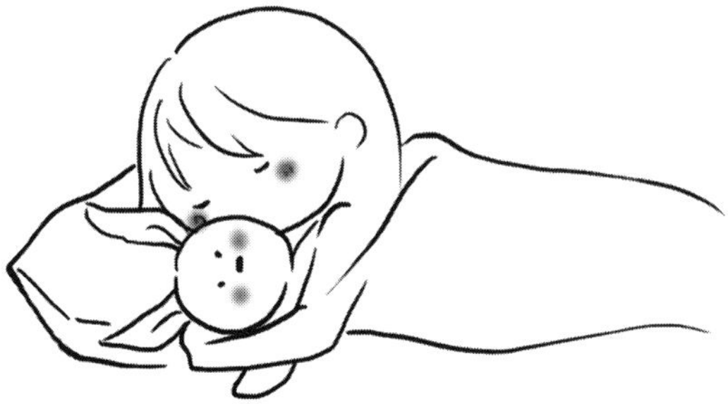

你的房间既是你的心。

拖延症的真相

我们可能已经抢救不了了。

从我们开始讨论拖延症，至今大概过去近 10 年了。

久治不愈的拖延症越来越成为一个世界性隐疾。自这个词进入人们的视野、成为一个新标签，到前几年一本名为《拖拉一点也无妨》（The Age of Procrastination）的书登上了亚马逊销售总榜前十，令广大被平反的拖延症患者感到欣喜若狂，再到如今拖延症从热门媒体用词里消失，失去新兴的光环，成为沉默城市的顽疾之一。十多年来，拖延症话题的热度渐渐退去，而解决方法至今也没有定论。豆瓣的“我们都是拖延症”小组自 2007 年创建，许多成员每天来小组里立下目标、第二天再看有没有完成。成员想通过这种互相督促的方法来甩掉拖延症。然而看起来收效甚微，证据就是小组成员数有增无减，并且至今已经近 10 万了……拖延症患者曙光在眼看来临后不久就湮灭了。

人们给拖延症归因，认为拖延这是源于人类的享乐原则。美国一项研究发现，跟三个月后拿到 100 美元相比，如果能现在马上拿到钱，人们宁愿少拿 17 美元。比起十分钟后获得 2 颗糖，孩子总是忍不住现在就将 1 颗糖吃到嘴里。以此类推，比起每天缩减一点偷懒娱乐的时间来做事，人们选择了现在多玩一点，事情就这么一点点被拖延了。

至于如何解决，却并没有有效的定论。我们奋起反抗迟钝的身体，拉大旗喊口号誓死抵御拖延症，发明出各种软件程序 App。今天早晨，朋友还在群里分享两个软件，一个在桌面实时提醒你离开了目标项目多少时间，又浪费了多久在微博等无用的网页上；另一个更狠，设定你的文档完成时间和字数，一旦超过时间没完成，就开始删除你所写的东西。病友们大喊丧心病狂，却又马上冷静下来：没事啊，提前随便乱打一些字就可以了……显而易见强硬的束缚根本一点用也没有，因为人类就是不吃这一套。而引发愧疚感的策略长期下来很可能因为负面体验太多而被主动放弃，人类也是不能没有正向激励的生物。

既然方法并无定论，又持续受到拖延症带来的精神压力的折磨，于是又出现一种观点，从历史的角度考察，认为其实并不存在“拖延症”这么一种精神疾病，彻底否认应当对拖延感到的内疚。这种观点一般举证，过去上流阶层崇尚缓慢，以慢为优雅，来试图说明事实上“拖延”并非一直是一种病症。简单来说，曾经我们没有那么多事要忙，拖拖也无妨。有时事情棘手，拖延一阵反而是一种情商颇高的处理方式。然而随着人类社会的发展，我们需要处理的信息、契约、承诺越来越多，于是拖延成了一种病，一个妨碍社会运转的问题。而实际上，也许根本是现状超出了进化而来的大脑处理事情的节奏。

法国曾做过一个研究，在公众场合向陌生人以需要公共汽车车费为由讨零钱。他们发现当在乞讨最后加上这么一句话，就能大大提高成功几率，这句话就是：“但你可以自由选择接受或是拒绝”。当我们确信选择是自由的，就更有可能被说服，自主选择积极的一面，这就是我们天然的行动策略。

好了，现在这本书出来了，它告诉你“拖拖也无妨”，意思不就是“你有权利选择拖与不拖”吗？根据以上理论，拖延症患者不仅平反，主观积极性也就这么被充分调动起来了。我们也许还能再被抢救一下了？

然而对拖延最如临大敌的学术界最近出现了一个让人觉得有些不妙的例子。学术界的生活节奏一向是科学家们活在延绵不绝的截止日期上，我们甚至大言不惭地自嘲，我们并非为真理而工作，而是为各种截止日期而奋斗。某研究基金由于每年申请人数太多，申请完全看不过来，基金组织一气之下，取消了申请截止日期。结果效果立竿见影，基金申请书减少了一大半。——没有截止日期，人们根本就不工作。

新闻一出，学界哗然。原本以为拖延症造成了效率低下，没想到没有截止日期才是效率低下的元凶。去掉死线的自由选择不能让效率提高，相反，死线才是生产力，与死线相伴的拖延和最后的爆发才是人类工作效率的常态。

因此，需要抢救的，可能是身为人类的我们对高效、主动工作场景的过度幻想。

在电脑上打出这行字的此刻，我在书稿截止日期过去一个月时哭着写书稿。

需要抢救的，

不是拖延症，

可能是身为人类的我们对规律而高效的主动工作场景的过度幻想。

倾倒众生的抑郁

它常为肤浅的乐观主义所嘲弄，甚至被认为是表演型人格的自我陶醉。很少人知道它是个可怕的终身感染，会复发，会致死亡。而最令人绝望的是，一旦未能及时治疗，再难完全恢复。

所有糟糕的过去都比现在美好。

时间每前进一刻，痛苦都在增加。

……

熬不过去，熬过去也没有好事。

人活着，为什么是这么痛苦的事呢？越是知道有人爱你，就越没有勇气……

这是一个处于抑郁中的人的日记。而这个被抑郁困扰的人，就是我。

那是大约 2010 年，由于一系列突发性的生活变故，长达数月我被抑郁折磨，每天有三分之一的时间在房间里漫无目的地打转和哭泣。但日常和网络上依然与朋友联系，努力和他们定下聚会，希望外出与世界接触后，糟糕的情绪能缓解一些。

稍微了解抑郁症的人都知道，这样做其实并没有多大帮助。我依然要面对聚会结束后回到家的恐惧，和每天早晨醒来发现抑郁情绪依然没有驱散的绝望。并且，我无论如何也没法和朋友开口倾诉，只觉得再不将这些水蛭一样的疯狂情绪倾泄出来，身体就要被它们穿透吃尽，于是每天写日记。

2011 年初，我通过公益活动结识了一名农民工子弟学校的小女孩。那时我已经通过调整生活重心，改变职业方向等方式，逐渐从迷茫中脱离出来，抑郁情绪也早已得到了控制。那时我以咨询师的身份，与她结成互助。她瘦弱柔软，笑起来又更幼小几分。我在第三次去见她时，听说她患抑郁症，前不久又去见了医生。

我这才明白为何她总是忽然就跃上情绪的高峰，声音温柔说话却急匆匆，好像从没有在听你说。

“你怎么都不和我联系？到底怎样也要说一声！”我有时会忽然收到她语气莫名激烈的短信。她写来的信里也总充满让人难以回应的缥渺又沉重的烦恼。她形容自己“差劲透顶”，有很多“致命的”缺点，会因为见到自己的主治医生没有打招呼这样的事就烦恼得跟我连发短信，严厉地责备自己。任何事都可以侵扰她，烦恼排解完一个，还有另一个。她就像在解开一连串死结，而解开任何一个，都不会让她心绪更好，反而迎来新的恐惧。

我曾经觉得自己也许无法负荷她的沉重，也想不通为什么几十个活泼开朗的孩子中偏偏是她被安排做我的小朋友。直到有一天她写信来，里面竟然写下这样的句子：“快乐容易让人淡忘，而痛苦则令人深刻”。这句话让我心神动摇，因为我也曾写下惊人类似的话：“所有快乐都是虚无的，而所有痛苦都那么具体”。我忽然明白，也许只能是我来陪伴她，安慰她。能理解她的，只能是像我这样同样亲身进入那片布满迷雾、带刺铁网与无数肮脏泥坑的可怖区域，触摸过抑郁那张魔鬼般面庞的人。

后来，就像之前写到的，通过持续地就医、接受心理辅导，以及成长，她顺利地从抑郁的沼泽中踏了出来，再见到我时，已成为情绪稳定的大姑娘。

自那以后，不知是因为我关注抑郁症而存在选择性注意，或是职业身份吸引了越来越多有心理困扰的人，我身边患上抑郁症或意识到自己陷入抑郁情绪的人越来越多。每隔半月一月，就有朋友找到我称自己可能抑郁了，或认识的人患上抑郁，询问应当怎么办，是否应该吃药。时至今日，我依然时不时能收到网络私信，倾诉他们对抑郁诊断和服药的怀疑。

尽管心理健康科普力度自近五年来不断加强，抑郁症逐渐为人所认知和接受，但围绕其病因、确诊和治疗，人们依然疑虑重重；虽然人们已经不那么普遍地认为抑郁症是“疯了”，抑郁症污名化的问题依然以不易察觉的方式存在着。

抑郁症是一种以抑郁心境为主要特征的情感障碍，主要表现为长达数周甚至数月的持续情绪低落，包括但不限于：自信心下降，对生活失去兴趣，难以体会到快乐，也可能伴随失眠、食欲减退、记忆力消退等身体症状。尽管重度抑郁障碍可能包含产生幻觉或妄想等症状，但抑郁症患者依然有自知力，对自己的不适有清晰认知，这和精神分裂症是完全的两回事。

抑郁症及其他情绪情感障碍都有一套严格的诊断标准，虽然网上随处可以搜到，但就像没有受过医学训练的普通人不适合以网络百科描述的病症来给自己做诊断一样，心理问题和情绪情感障碍也不适合普通人用可以查到的诊断标准来判断自己是否得病。当感到情绪低落且无法自发恢复，时间长达两周以上，就应当去正规医院求医，再根据医嘱决定服药或结合心理咨询等其他疗法。

抑郁症可能侵袭任何一个年龄段的人，但重度抑郁障碍高发年龄在30~40岁之间，女性重度抑郁障碍的发病率为男性的两倍，但相对的，男性患者自杀率则更高。

目前抑郁症的病理基础公认的是脑内神经突触对神经递质血清素的接收功能下降，也就是说抑郁症患者的大脑确实存在器质性的改变，并不是单纯的“想不开”或“情绪不好”，也无法通过“坚强点挺过去”“放轻松想开点”达到治愈。它当然更不说明患者“性格懦弱”，但也并不像某些矫枉过正的科普所强调，抑郁是毫无原因地产生的。患上感冒也多半是由于免疫力下降，容易感染病毒这一原因，患上抑郁症当然可能存在外部原因。虽然有一部分抑郁症患者是毫无预兆地突然出现抑郁症状，生活中的不顺和重大打击导致心境低落进而恶化为抑郁症的情况也十分多见。

同样面对生活的打击，有的人确实比别人更可能患上抑郁症。

抑郁症的“素质－应激”模式对于病因的解释是，抑郁症患者本身具有易感性，也就是对抑郁症的“免疫力”较低，比较容易被不好的生活事件激发，进而患病。这种易感性可能来自于遗传。过去就有研究发现，人体内的五羟色胺转运体基因会影响到人在面对挫折打击时是否会持续出现抑郁情绪。2016年的一项参与者人数约30万人的大样本基因研究发现了数个与个人主观幸福感、抑郁和神经质有关的基因。易感性也可能来自于从童年创伤性经历所习得的不良认知模式。即使遗传并没有赋予个人对抑郁的易感体质，若童年时期遭受严重创伤，这些压力体验也会在人脑神经元的 DNA 表达上留下伤痕，塑造出不同的心理和行为倾向路径，使我们在日后经历挫折和压力时更容易产生持续的抑郁情绪。

由于抑郁同负面生活事件联系紧密，一些社会因素当然也会成为影响人们患上抑郁的重要因素，如贫穷和社会孤立。我时常能见到有关抑郁症的这样一种误解：抑郁症是一种属于高学历高智商甚至高收入阶层的心理病。这实际上是一种“幸存者偏见”。能够在患病后用清晰的语言进行分享的人，多半具有较高学历，而能够负担持续治疗、保持病情稳定进而得以恢复到能够分享体验的人，则通常具有一定的经济能力。也就是说，只有从抑郁中幸存下来的人，才能够出来发声，而这些发声的人常常具有不错的经济地位和学历背景，因此造成了抑郁症患者通常来自高学历高收入群体的印象。然而事实是，抑郁在贫困人群中存在更为普遍，只是他们由于不具备心理卫生知识，对自己患病没有清晰的意识，也得不到及时的确诊治疗，常常延误病情。农村女性的高自杀率就是一个证据。我也常收到有抑郁困扰的人发来私信求助，最后的死结多半落在“缺钱”上。患病，被持续的不自信和悲观情绪困扰，因此社交能力受损，得不到朋友和家人的有效支持，接着是无法维持日常工作生活，不得不辞掉工作，或流落在一份接一份的短期工作中，收入得不到保证，没钱持续接受治疗，又无法得到家人朋友的接济……贫穷和社会孤立在抑郁症患者身上结成一个死循环。不知多少抑郁症患者就这样消失在人们的视野中。

就像之前提到的，目前国内的抑郁症治疗方向以就医服药为主。抑郁症确实伴有脑神经递质的变异，世界范围内对抑郁的治疗建议中，服药都是一个重要的途径。但不可否认的是，心理治疗（谈话、认知行为疗法等）也是抑郁症的一个重要治疗方法，认知行为疗法和药物治疗在对抑郁症治疗的有效性上几乎是不相上下的。然而在我国现有医疗和精神卫生体系下，单就心理治疗的费用不能划入医保范围，推荐服药治疗也依然是个可靠的建议。与服药副作用抗争、防止复发这个漫长的治愈过程，是不可回避的。

人类，究竟为什么会被降以这样一个并无外伤，捉摸不透，难缠，又自杀率高的病症呢？尽管我试图从数个角度解释抑郁症的发病机制，似乎依然不能解答“为什么会出现抑郁症”这个问题。进化心理学提出过两个假说：一是“精神痛苦假说”，这个假说认为，就像保持对物理疼痛的感知能力对保证我们的生命安全很重要，保持对精神痛苦的感知能力也同样重要。作为社会动物，体会精神上的痛苦，能让我们对与环境中的他人形成安全的依恋纽带保持警惕，从而最终保证我们的生存。而抑郁症，则是我们体会精神痛苦需求的黑暗面。另一种“等级假说”则认为，抑郁是个体在群体中陷入弱势时，通过降低食欲和活动能力来达成自保的一种机体反应。

作为庞大自然中的一类生灵，就像我们很难解释癌症和其他疑难疾病降临到我们头上的原因，抑郁症究竟为何存在，大概也很难解释。唯一可以确定的是，抑郁，它让你喋喋不休，它让你焦躁恐惧。它是色彩浓厚的颜料，浸染你的整个世界。

据各种资料综合估计，中国有病历记录的抑郁症患者约3000万人。2015年的数据显示，在总共13万自杀人口中，有40%是因罹患抑郁而自杀。而根据世界卫生组织的数据，全世界的抑郁症患者有约3.5亿。

如果不幸在漫长的一生中偶然陷落抑郁之中，在康复到来之前，不如把它当作一个必须带着行走的行李，度过一段不太容易的人生时光吧。

如果不幸漫长的一生中偶然陷落其中，
在康复到来之前，
不如把它当作一件必须带着行走的行李，
渡过一段不太容易的人生时光吧。

无法摆脱的白日梦

少年时的人类，实际都顶着一颗未熟的大脑满地跑，近似一群小动物。

作为一门研究人的学科，以及被高度误解为等于治疗精神问题的学科，心理学毫不意外地成为大众应用中的星座学，贴标签常用知识点储备处，以及戏剧化素材提供点。

因此尽管心理学门下分类多且覆盖面并不窄，但跟心理学有关的影视文艺作品大致只涉及以下几个关键词：抑郁、各种人格障碍，以及精神病性症状——这些症状里，程度最轻又兼具浪漫的，就是“妄想”了。

许多现代小说或本格推理小说都依托人的精神疾患展开，也许是有时候由现实生活发掘的冲突不够戏剧性，这些作品多少让人产生“满世界都是精神病！”的错觉。美剧犯罪心理第五季中就有这样一个故事，女犯人因为大脑前额叶受过损伤，无法区分妄想和现实，感受不到生命的实感，把人当作洋娃娃摆弄，导致杀人行为。电影《美少女特工队》及其他文艺作品也常提到欧洲中世纪的“前额叶切除术”这种十分残忍的手术：将一支冰锥通过眼角内侧的空隙钉入大脑，损毁前额叶，使人失去神志，温顺空洞。

所以，前额叶确实是一片在诸多文艺作品中担任重要角色，为心理学持续添加神秘色彩的脑叶。而它也是在大脑中最晚发育完成的一片脑叶。

作为人类，我们在生命早期都经历一段大脑的快速发育期，这也是发展心理学研究大多集中在婴幼儿期的原因。这段时期人类的发育太快而神奇，以星期为单位，幼儿只是年纪相差几个星期，就可能存在大脑发育程度上的差异。到 6 岁时，儿童的大脑容量已经达到成人的 95%，在器质上接近发育完成了。

但此时的大脑，依旧需要一些重塑，使之在功能上接近成人大脑。这一时期，大脑将把孩童时期时使用过但发育成熟后作为成人不会再用到的一些神经通路“解绑”，以更高效地运用大脑。这就是为什么成人会发现儿童的思维方式不太一样，他们使用的实际上是一套更稚嫩初级的认知和思维方式，因此让人天真烂漫。而这种变化，是从大脑的后部枕叶开始逐渐进行，最后进行到位于大脑前部的前额叶。

而最晚成熟的前额叶，功能却十分重要。它负责调节情绪，思考后果，控制冲动，做计划和解决问题等一系列和决策相关的思考。在它还没发育成熟时，孩子们用的是另一个脑区——杏仁核进行这些思考的。但杏仁核和前额叶这个高级皮层不同，它生发和控制情感与直觉，产生冲动与攻击性，主要功能都比较原始，且大多出自本能，倾向思考和自己有关的事情。

因此，前额叶受损的人才会显得那样奇怪。因为杏仁核驱动的行为冲动因情感控制不成熟而诸多妄想，或像《犯罪心理》中的案例一样分不清妄想和现实。

我高一时有这样一个女同桌，是个开朗的小个子，有些男生气。深受家人宠爱，有些骄纵，但总体单纯直率。有段时间她在我的影响下也喜欢上了日本漫画《幽游白书》。看完了全集后，大概为了在对这套书的了解上赢过我，或者单纯过于沉迷，一天早晨她来上学，仿佛沉浸于什么好事般兀自微笑了一阵，转头像跟我吐露秘密一样地说：“我跟你讲，那部漫画出番外了，我已经看过了。是我妈妈从她新华书店的朋友那里拿来的。”

那时还是盗版盛行的年代，除去《哆啦A梦》，没有任何日本漫画被正版引进、进入过新华书店。我怀疑地问她，她信誓旦旦："有的，新华书店进了。我妈有朋友在那里工作。"

我因为信息闭塞，又实在太喜欢，就动摇着向她讨借。她态度老练地拒绝了："不行，这是他们内部进的，只有几套，不卖。"接着她绘声绘色向我描述这本"番外"的一些内容，细节丰富，长大后回想，可能是个同人写手好苗子。

后来她还有过几次像这样兴致勃勃地给我讲一些似真似假的故事。

再后来，没有什么故事。

这只是儿童和青春期高发的妄想和说谎。就像小孩子在未发育成熟的大脑中幻想出"看不见的朋友"，借此模拟角色体验社交那样无伤大雅的妄想一样。青春期的少年正处在向世界声张自我存在的动荡时期，为了确立控制感、独立，获得关注或委婉地表达愿望，也常说出带有妄想的谎话：比如认识名人，或看见了不得的事。

她也像许多青春期的少女一样，除了有些任性，其实一切正常。毕业后嫁给一名医生，像所有顺利获得幸福的女孩子一样，骄傲地散播着她的喜讯，坦白地要和全世界分享——她大概早已忘记了她曾经的妄想谎言。

回溯起来，小学、初中，我都曾有过类似的同学，兴高采烈地说着似真似假的谎话，获得一些短暂的快乐。

前额叶发育成熟，也就是大脑全面发育成熟的时间会晚至成年早期，20岁出头。所以实际上，人类的少年们都顶着一颗未熟的大脑满地跑，像其他哺乳动物的幼崽一样，由杏仁核生发冲动和情感，常常耽于幻想，甚至时不时无法抵御将它当作现实的诱惑。

数年后，前额叶发育成熟，大部分少年们由此逐渐成为清醒利落的成年人，结束妄想和未加妥善控制冲动的前小半生，开始进行长远思考，理性地安排计划。以自我利益为中心进行思考的杏仁核不再担任重要决策之后，成年人也开始能够真正体恤他人。

当然，其中也不免有人一生沉弋于妄想，仿佛前额叶的成熟永远停留于青春期前。

少年时的人类，
实际都顶着一未熟的大脑满地跑，
近似一群小动物。

逃离自己的人生

也许可以这么说，退行就是人生的补考。

有一年六一节，我应邀去参加了香港卫视一档名叫《东边西边》的三人谈话节目，同时作为嘉宾的还有一位网络知名的旅行家。

旅行家年龄不详，看起来三四十岁，眼睛明亮，神情奕奕，寸头上剃出各种花样，体态精神都保持得很棒。当时他因为身为工薪阶层，用很少费用和最简易的装备旅行了全世界几十个国家而知名，改变了人们心中周游世界是个常人所不可及之梦的想法。那期我们讨论的话题是成年人为何会热衷一些童年游戏，或在儿童节时还假装自己在童年。他投入地讲述自己参加过老知青的童年会，玩些铁环、弹珠、抛接子……说起话来的口吻比我这个小他一截的人还要天真："我每天都在过儿童节，大概是天性爱玩吧。"

三个人中年纪最轻的我，反倒扮演着老气横秋的专业角色。谈话中我一度被他的精神状态迷惑，感到自己可能见到了这世上真正永葆赤子童心的人。

节目到了后半，大家开始讨论原因，他终于说起这样的话："十五岁时父亲去世，全家重担落在我身上……"

听到这里我清醒过来，明白这是又一场轮回，一次类似退行的补偿。

为逃避眼前痛苦，成年人会让自己的心智行为回到幼小时期来进行自我保护，逃避眼前难以处理的复杂情景，此即退行。少年丧父，被迫要一夜之间丢弃五六年时光，马上长大，从此踏上漫长的成年路。他忍耐了二十年，终于从超长的成年期挣脱出来，逃去取回他平白丧失的少年时光。

每一门学科都致力于寻找规律，归纳阶段特征，心理学也不例外。我从心理学中林林总总学到并且现在也不断接触到的人类发展阶段分类方法有许多：产前期、婴儿期、童年中期，前运算阶段、具体运算阶段，多重依恋阶段……早年觉得这些名词纯粹为难人家应试，长大后渐渐试着理解这些命名游戏。

大概它们都只是为了告诉你，你看似平淡无奇的一生，是需要平安跨过许多不易觉察的瞬间，才得以平安继续下去的。任何一段没能顺利度过，你都总有一天得回头去补考。

另一件更加众所周知的事，背后也存在类似的思路：那封辞职看世界的离职信。

河南省实验中学一名姓顾的心理老师写了一封十个字的辞职信："世界那么大，我想去看看。"这封坦白得不常见的辞职信在网络的助力下迅速传开，并引发了大量的模仿。模仿辞职信的人们从工作未久的年轻人到供职数十年的老职员，甚至公司 CEO 都有；模仿信们的共同点是都只对顾老师辞职信的主旨进行了扩充：表示对日复一日工作的厌倦，想去探索生活更丰富的可能性——而不像其他网络事件那样进行了嘲讽和恶搞。

这些模仿的辞职信当然未必都是真的，但是这封辞职信及其引发的一系列模仿，至少说明两个问题：第一，辞职信所透露出的需求有一定普遍性，能引发共鸣；第二，这种辞职去体会生活的需求要求被正名，被直接地说出来，而不是像过去那样，通过"回家结婚""回去读书"等常用的辞职说法隐藏起来。

其中，为何人们“看世界”的需求被轻易点燃这一点，可以从退行性补偿的角度去看。

一个非常有年头的发展心理学观点：埃里克森的社会心理发展阶段论将人的一生从婴儿到老年的发展需求进行了阶段性划分。根据生理发育程度和社会角色的变化，人们各个阶段的内心需求和借以满足需求的主要任务也各不相同。其中青春期的主要需求是要解决自我认同和明确自我角色，即探索我是谁，我在世界中处于怎样的位置。而到了 25 岁成年中期，需求则集中在培养创造力和解决停滞感上。在成年中期突然意识到自己想要去看世界，就像是这其中又未曾解决好的青春期自我认同和角色的任务再次浮现。

风行了多年的间隔年之所以在西方常被鼓励于在青春期进行，一个原因就是它正好能满足这个时期个体的心理需求。教育是一件有很强目标导向的事，其主要目标之一就是使受教育者适于工作。而学生一直以来的生活都较脱离学校之外的世界。间隔年的目的就是让学生在进入大学之前，接触更多信息，弄清自己在现实世界中感兴趣的方向，更好地为今后的教育方向做决定。

没有间隔年，相较西方教育制度，受教育体验更加应试化和缺乏实操性体验的国内一代人，在进入信息流通发达的社会阶段后，广阔的信息量填补了过去对世界认知的缺陷，同时也加剧了成年期的焦虑：世界有这么多可能性，而我现在才知道。

从集体主义走来的我们，在跟着文明走向越来越个人主义的路上，个体需求如梦方醒，产生矛盾，出现出走的欲望。而这种补考，只能依靠重塑人生方向来达成。

这是否一定是一种浪费呢？

放在个人身上，则依个人对人生意义的定义而各异。但若成为一种集体行为，则可能会出现意想不到的结果。

比如对游戏体验的留恋，使游戏行业长盛不衰；对公主梦的留恋，催生时尚方向。再比如更迷人的东西，电影。人类的第一部电影是火车进站，内容就是一辆火车开进站。当时去看这部电影的人在大银幕前吓得跳起来。他们大概也会像我们现在一遍遍刷剧一样，为了感受这份逼真的惊吓，而一次次去看电影。那时人类社会进入工业革命，人们制造这样的影像出来，其内心的驱动，难道没有对自己制造出能够代替人类劳作机器的经验的迷恋吗？

历史轮回到今天，我们已忘记电影对我们来说也曾经是个新奇的历险了，忘记机械带来的便利和工业化大生产的高效，提倡起手做、徒步、原始生活，敏感症一样地拒绝机械，往前机械时代退行。

发现新的东西，兴高采烈、心被拓宽，迷上它和发现它的自己；而后迷失于它，厌倦，又闹着回头去寻找最初的心情。但当退行无法真正退回到当时，于是我们再次意识到这终究离本心越来越远，只好不断制造更新的东西来满足渴望退行的心。比如在间隔年看完世界之后，有的人可能会找到新的生活方向，就像我们不再感冒平面电影，便发展出 3D 技术、思维影像体验，努力让体验回到其被二维化之前的生动状态。仔细回想就会发现我们总在重复着这样的退行，同时被退行推动着前进，这样不知不觉间，竟铺就成了一整条人类文明发展历史。终极的窝囊最后变成终极的浪漫。

推动世界前进的大概真是一群懒人、软蛋与任性鬼吧。

任何一段人生没能顺利度过，
你总有一天得回头去补考。

第二章

于万千联结中认识自己

人总要去和他人建立这样或者那样的联系，以用来明白即使有缺点的自己也是可爱的。

饲育忧虑

敞开身体与另一条活生生的生命正面相搏，触摸它柔软易伤的腹部，感受它不知是否太高的体温，为自己可能对它造成的伤害负一切责任——世上没有比这更需要勇气的事了。

我忽然觉得自己有勇气养猫了。

这个决心，是在听好友丁冰诉说她的小猫摔成重伤直至死亡的过程中，突然而至的。

她向我诉说时，事情已经过去好几天了。她神情如常平静，叙述甚至比以往更有条理。

猫是从高处的透气窗失足跃下摔伤的。她说当发现找不到它时，最初没有想到往窗外望。接着，“从窗户往下看时，一开始不能确定平台上那个小小的黑团是什么。”

她从哭着打电话给朋友开始，仔细地描述送去医院的过程，小猫口边的血，眼球的颜色，医生说了什么，每一分钟的变化。我坐在她对面倾听这段隔离了情绪、压抑了内疚和痛苦、异常冷静的回忆。直到她说到自己坐在宠物医院的桌边，看着打了安乐针的小猫，眼珠渐渐蒙上一层灰色。眼前的她突然在我视野中消失了，取而代之的，是独自同死亡一起坐在蓝白色医院里，她圆圆小小、清晰的肩线。

我移开眼睛，忽然觉得一股温热的潮气从胸腔渗出，缓缓蔓延至肢端。

在那个时刻，我终于觉得自己可以开始养猫了。

我对饲养宠物猫曾有过许多非常不愉快的回忆。

初出来工作第一年，我和几个人合租一间屋子，其中一个男生后来养了只小猫。

那只猫最后也是病死的。它生病之后，主人和合租的人都没有及时带它去看病，直到有一天我下班回家，直接面对它大小便失禁，口鼻流血，已经被苍蝇围绕的僵死的尸体。

再回溯，幼年时老家也曾经有一只老猫。也许小孩子尚有大半是动物，我对它完全没有特别的印象，只觉得它是家中理所当然的一个生物，没考虑过它与我、外婆、妈妈的差别。

后来它意外坠下四楼，抱上来后一直在纸箱做的窝里神经质地抓刨。我记得在昏暗老楼的地板上，我看着难以理解的它，耳边传来外婆并无太多担忧的声音："喔唷，它疯了。"

几天后老猫病死，埋尸马路对面的菜田。

回忆起来都是令人心惊胆战的告别，以至于我从未敢想要照顾另一个正儿八经的生命。

是什么让我们在面对生命的时候那么脆弱易伤，以至于宁愿回避这种痛苦呢?

如果要从生理上找到一个原点，那可能就是催产素[㊀]了吧。

催产素顾名思义，是促进子宫收缩加快生产的激素。但它实际上的作用并非单单如此，并且也不是只有女性才分泌。

哺乳动物不论雌雄，都会分泌催产素。它在母体生产后持续分泌，令

㊀编者注：催产素，存在于男女体内的一种激素，让人更感性、温柔、充满母性，女性生产时会大量分泌。

经历生育痛苦之后的母亲看到自己的婴儿依然满怀爱意，想要照顾孩子，呵护他/她的冷暖。新爸爸虽然没有经历怀胎和分娩，但只要和新生儿相处时间足够长，也会分泌和孩子妈妈同等水平的催产素。这一现象的进化意义，是使雄性不至于因疑虑孩子的所属和同性竞争的冲动而杀害自己的孩子。

催产素不仅在我们和自己孩子的互动中产生，也会在我们和其他幼儿、宠物以及其他人的互动中产生。当人们参与社交活动，催产素会有小幅度提升；当相爱的情侣互相拥抱，催产素会有大幅度提高；当人与自己的宠物互相凝视——甚至都不需要拥抱，就能唤起催产素的提高。

催产素使我们心怀温柔，看事物倍觉可爱，想要善待世界和他人；而这种温柔的心情，正是打开心理防线的契机，令个体与外物和他人建立依恋的纽带。因此当与陌生人握过手，建立了纽带后，我们更容易信任对方，更倾向提供帮助。常与宠物相处互动的人，也因为有稳定的纽带而使得催产素水平比较平稳。

而这种温暖的信任，也会成为脆弱和恐惧的来源：你陪伴另一个生物，与它结下互相依赖和信任的契约。照顾它，爱它，享受与它每一次互动带来的温柔波动，但不仅如此；你亦可能面对：疏忽它，令它受伤生病，面对它的死亡和链接断裂的痛苦——纽带在建立时即开始向结束的那天迈进，每一次汲取温暖也意味着往孤独所住的深渊迈进了一步。

在我最喜欢的日剧编剧坂元裕二的电视剧《母亲》（mother）里面，生母绝症晚期入院，35 岁的女主角对要求她去看望生母的继母失控地哭着说："妈妈，我害怕。"继母握住她的手，"害怕也要去。要去。"声音威严有力。

人们活在世上，与他人不断相连，细想下去都是各种恐怖焦虑，只要连接继续下去，当然就有更多恶难分离，这些温柔背后的危机，我们未必都能承受，也可能会有人负荷不了。但即使这样，也只能一直迎着它们走下去。承受这生命的历程，体会它的完整，包括损坏死去——直到可以不害怕。倒不是为了"遇见一些好事"这种乐观的看法，而可能就是为了等待那一次超过负荷的心碎。

最近读到一则新研究，夫妻之间的纽带在配偶一方死后依然存在于存活的一方身上。人，以一己肉身，与其他生命互相渗透、亲密，彼此刻下伤口，甚至几经破碎，而在那一次超过负荷的心碎后，在所有的挣扎结束之后，才有可能发现胸腔里跳动着的那一颗心脏上，自己的部分与其他曾亲密交融过的生命的碎片紧紧交融，才终于远离孤独。

我们怀抱着纽带断裂的恐惧，不断与他人连接，就是为了最后，那一丝彻底告别孤独的微弱希望吧。

你陪伴另一个生命，
照顾它，爱它，疏忽它，
令它受伤生病，面对它的死亡
承受这生命的历程，
体会它的完整包括损坏死去，
直到可以不害怕。
没有比这个更需要勇气的事了。

从物质依存症到断舍离强迫症

狂热宗拜物欲和完全否定物欲，大概都源于人类的癔病。

修得“断舍离”没有费我太大功夫。大体上，经常搬家的人都在了解什么是断舍离之前，就多少修得了断舍离。因为担心搬迁时东西过多，一直小心控制持有物，不做多余采购。后来因为要出国进修，之前的一年更是严格控制物品购入。半年前就开始漫长的整理，把东西逐次打包之后，我发现：只需要几件日常换洗、护肤品、一点梳妆用品、一只包、电脑和一部 kindle，过起日常生活完全无问题，旁人并看不出你有什么不同。竟不知不觉修成了“断舍离”。

曾经风靡一时的“断舍离”是由一名日本女性山下英子提出的生活哲学，通过断绝不需要的东西，舍弃多余的东西，最终脱离对物品的执着。一听就是专门拯救生活在日益个性化文化中，被购物欲逐渐掩埋的物质依存症患者的。

我过去的来访者和身边朋友都不乏丧心病狂的物质依存症患者。他们中有身为普通上班族但平均月消费上万的；有家中堆满买来的东西，几乎无处下脚，衣柜里还有一整箱没剪过吊牌的衣服的。消费心理学家指出，人们无法控制地买买买，并非因为有那么多实际需要，而更多的是出于精神需要。这些产品或品牌是人们表达自身态度和观点的途径，是标榜社会地位，表达和巩固自我认同的方法。越是崇尚个体主义的文化，买买买的现象就越突出。因此现在盛行的买买买文化，实际代表着我们在逐渐脱离集体主义文化。这同时给我们带来了强迫性购买——有压力或感到失去主导权，就通过购买来解压和感受主导权的回归——也带来了物我不分的物质依存症。

买买买教徒除了疯狂爱买，他们还有互为正反面的特点：他们不是无法丢弃任何东西，就是毫不留恋任何东西。买过的东西要么都可以丢掉，要么堆在那里不闻不问——这也无异于丢掉了。换句话说，他们都不知道如何处置与自己有关的东西，不是太在意，就是太不在意。因为在他们心中，东西与自己是一体的。

家庭治疗的观点认为，小孩子在早期发育时，自我与外界还未分化，都认为自己与世界是一体的。拉出的大便是自己的一部分，所以可以毫无隔阂地拿来玩；喜欢的被子和玩具也不能离身，不然等同于割裂自己。物质依存症患者也许就是分化未成功，无法建立独立的自我，直到长大，也总要依靠一些物质来给自己添加说明。若对那段时间的自己不满意，则连那段时间的东西也一起否定。为了支持自我的成长，又要不断购入新的东西。

“断舍离”哲学则是通过分清物品和自我，让物质依存者认识到，失去杂物后，我也依然是我。

但从“断舍离”发展出来的丢弃物品、节约消费，又催生了另一种丢弃强迫症。2015 年的一部日剧《我的家中空荡荡》描述的就是一个有丢东西强迫症的女生，她不想拥有任何非必要的物品，到了不丢浑身不舒服的地步，定期就要清理一遍衣柜和家中杂物，家里几乎“家徒四壁”。

几年前，无意间看到一位日本经济学家的观点（类似的观点都来自于日本，奇怪也不奇怪，消费文化发达的日本，自然也会是与消费相关迷思的发源地），他认为购买生活必需品以外的消费，都是像上班路上习惯性购买的咖啡一样，是不必要的消费。人们应该杜绝这种浪费式的购买。《我的家中空荡荡》的女主角就像是在践行他的观点，控制人生中所有不必要的消费。

好在这种话是不可能100%起效的。物欲是不可能完全在人群中湮灭的，不会有全民摒弃身外物集体修道的一天。就好像那部断舍离强迫症电视剧的女主角，她也要面对自己的物欲，为了控制物欲进行幻想购物训练，来克制自己买新的东西。每次丢东西前，也需要经过一番思考，尤其当丢弃的东西一步步贴近需求的核心，她都需要花费更长的思考时间来跨越那个“物欲的奇点”。

骤然间失去一批旧物，或失去老家旧房的人大概能体会这种被一股难过侵袭的感受，一般自己会描述成“失落”。好像突然变为孤身一人，空落落地生活在人世间。用更精确的心理学语言描述，是焦虑，失去身份认同依据的焦虑。

我小时候有一阵流行学习记忆策略，在识记时画一些笔记是个方法，配合动作、物品记忆也是个好方法。因为这就是人类记忆工作的原理，将单调的算式单词和动作、物件联系起来，更容易帮助记忆，所以有睹物思人。反过来，失去了那件物件，相关记忆——不管你多么确信自己会记住——也会更快被遗忘。人类需要通过旧物建立归属感，知道自己来自于哪里，家庭治疗管这个叫“精神上吸取祖先的力量”。归根到底，是一种安全的需求，购买超过生活必需的杂七杂八，进行没有目的效用的享乐消费，可能永远也派不上用场的旧东西堆满阁楼也不愿意丢……无法断舍离，是因为那些都是自己在世上拥有位置的证据，是自己存活于世的印记。而二手商店，就是人类“断舍离”的修行地，堆放人类丢弃的记忆和生活印记之处。

初次落笔写下这篇文章的时候我人刚到英国，人生一度精简成一个长宽高不超过158cm的托运包。然而自那以后，这些身外物又逐渐丰满起来，增加为几只纸箱甚至更多，总之一个大行李箱是装不下了。没有办法，人就是这样与世界建立联系的。

从物质依存到断舍离，

再到身外之物逐渐丰满，

没办法，

人就是这样与世界建立联系的。

身处数码自恋的时代

自恋。一般说到这个话题，人们不是太过热衷于同它划清界限表明自己客观高雅的立场，就是太过热衷于为它脱罪。

我最喜欢的日本作家之一角田光代在她的小说《四月的邀请函》里曾描述少年和成年的差异，她的大意是：年少时仿佛在远处一直有一台摄像机拍摄着自己与自己的伙伴，咔咔咔地不停转动播放着以自己与周围人为主角的电影。而长大，则是有一天你终于发现那台摄影机不知何时不见了。

角田光代就是这样一名作家，常常写出一些绝妙精确的比喻，且从不自鸣得意地抖机灵，态度总是诚恳平淡，似乎经过她这一描述，由青少年过渡到成年这段暗流涌动的时期，也变得温和而有希望起来。

然而随着社交媒体的发达，这部摄像机几乎再也不可能消失了。

自社交媒体兴起以来，无数大小网站和应用在其浪潮中沉浮迭代。曾有一款一时流行的社交应用，我和朋友都短时间地用了一阵。现在它早已不复当年盛况，这款应用叫“PATH”。

在朋友圈出现、其他社交应用摸索出如何在手机上展示个人轨迹之前，PATH 就以其设计一时吸引了大量用户：简单来说，PATH 就是把你自己与朋友在什么时间做什么听什么看到了什么跟谁在一起的各种事件，串成一条完整的时间线，称之为你的“个人轨迹”。其中事无巨细到包括几时睡觉、几时醒来，还自动配上像断气（或诗）一样的系统语言。比如你在应用里输入自己在半夜十二点多依然醒着，发出来页面上会这样显示：现在是00:20 a.m.，某某在某地夜不能寐，小阵雨，27℃。

这难道不就是为自己架了一台 24 小时不停摄录的摄像机，还能不停倒带播放吗?

PATH 之后，以各种方式在不同的事情上打卡、留下轨迹的社交应用不断出现，起床睡觉、吃饭运动，其他的感情心情表达、社交、自我观摩的需要，最终囫囵地容纳在微信朋友圈里。

展示这些，究竟到底是为了什么?

我们抱怨现代社交网络送来太多信息，让生活都变成了碎片。但它为何又那么吸引人，其实只是因为，“有些人就是喜欢听到他们自己的声音”。

哪些人?——那些自恋的人。

美国佐治亚大学和圣地亚哥大学的两位心理学教授珍·图温吉（Jean M. Twenge）和基斯·坎贝尔（W. Keith Campbell）2009 年出版了一本名为《自恋时代：现代人，你为何这么爱自己》（Narcissism Epidemic：Living in the Age of Entitlement）的书，重新强调了自恋的病态含义，并宣称自恋时代已经到来。

书中认为，自恋有别于“自尊”的程度，超过了健康的自我肯定，是一种浮夸而膨胀的自我认知。自恋者“认为自己是特别的、值得特殊对待的”，他们喜欢被人肯定、喜欢和围绕，但实际上对亲密关系中的温暖和羁绊没有兴趣，他们进入亲密关系，只是为了满足他们的自恋需求。就如同他们花费时间在自己身上或努力做事，主要是为了让他们的自我形象更完美和满足他们充盈膨大自我的需要。

书中引用的数据表明，自 1982 年以来，从 2002 年到 2007 年这近 5 年美国大学生的自恋水平提升速度，比之前要快几乎两倍。其中男性平均自恋指数高于女性，但女性的自恋程度正在快速迎头赶上。

不仅是自恋指数本身，他们的研究还发现一系列和自恋相关或相反的特质都在从侧面印证人类总体自恋程度的提升。与1962年到1982年出生的X世代[㊀]相比，1982年后出生的千禧一代普遍认为比起自我接纳、群体归属感和社区认同感等与内在价值相关的内容，与钱、自我形象和名誉等外在价值感相关的事物更加重要；同时，人们对共情他人、做对社会有价值的工作、参与社会问题思考和帮助改善环境等于帮助他人和社会责任感相关事物的兴趣，也随着世代的更迭有明显下降。有研究者亦指出，自恋指数与高攻击性、低诚信度相关，这也可以为网络暴力和网络争吵发生越来越频做出解释。

社交媒体在自恋的崛起中无疑扮演着重要角色，一些媒体人、学者和心理学家直指自恋的快速增长与社交媒体的兴起不无关系。伦敦学院大学商业心理学教授托马斯·查莫罗－普雷姆兹克（Tomas Chamorro－Premuzic）指出，所有鼓励这些不恰当的自我暴露的网络行为，都开始于MySpace，并由Facebook发扬光大——它就是一个芸芸大众的百度百科，每个人都拥有自己的一个履历页面，记录自己的一切鸡毛蒜皮，就仿佛它们都值得记录和展示。接着网络视频网站又让每个人都可以设立自己的电视频道，各种拍照社交软件令自拍兴起，每个人都成为被摄主体——至此，至少在社交媒体上，每一个普通人都看起来享有了和少数

㊀编者注：X世代指婴儿潮世代的下一代。具体出生日期说法不一，但人们普遍认为X世代出生日期在20世纪50年代后期至80年代。

名人明星一样的待遇，每个人的自恋都得到了最大程度的满足。

研究发现人们在社交网络上的行为和他们的自恋指数有极大关系。查看自己 Facebook 个人页面（包括自我介绍、关于自己的照片、状态栏等）的次数和自恋指数成正比，并且和自尊指数成反比。

尽管自恋增长和社交媒体的发展之间是否有确定的因果关系尚未能确定，但显而易见，由于社交网络这台永恒的摄像机的存在，令人们在那台青春期摄像机消失之后，依然无法自拔地依靠着其他摄像机，持续着自己的独角电影。

人们对他人视角中自己的形象投以关注，确实是有积极意义的。它让我们随时调整自己在群体中的角色形象，以适应他人和社会的需求，获得更好的资源和发展。然而这一从早期自恋心理发展出来的成年后技巧，在社交媒体这台私人摄像机下膨胀成为对自己声音和外形的沉迷。在日常对话中，和他们说话时出现那种什么交流也没产生，始终是你说你的，他说他的，互相听不到对方声音的尴尬情况，在社交媒体上成为合理现象。

也许在自恋者看来，这一切都没什么大不了。他们就像希腊传说中自恋的化身：爱上自己影子的美少年，高度自恋者也并不会爱上他人，他们只会爱上自己的影子。而他们的影子，在网络时代，清晰地具象化为粉丝数和朋友圈的点赞。

一切都没有在网络上失去关注度、在重要的平台粉丝数下降、在朋友圈没有人点赞这些事来得重要。我有时担心，死亡对于他们来说恐怖的地方，大概不在于肉体的消失，而是在于无法发言后自己的形象在庞大的虚拟目光中消失，对于自我形象的控制权消失。他们的灵魂会不会因为再也看不到朋友圈的点赞数，而寂寞得化为粉末呢？

但我很快发现连这点也不需要担心了。2013 年出现的推特插件 LivesOn 解决了这个问题。它会分析活人已有的推文风格和喜好，好在人死后继续发推。它的标语所言“心跳停止，推文不止”，大概就是给自恋流行病患者最好的安魂经文了。

“心跳停止，推文不止”，
大概就是给自己流行病患者最好的安魂经文了。

偶像投射误会

即使有一天，我们终于找到这世界最高的偶像，保证他/她卓尔不群于任何领域，可我们也依然无名，他/她的光芒并不会令我们变得稍微了不起。

3 月，我去看了一场演唱会。半年前订票，提前一月预订住宿。在城中 livehouse 看一场两小时的小场演出，只需要花 60 到 100 元，而我为了这一场演唱会花掉十倍的价钱，忘掉了所有的精打细算，肉痛的感觉在胸中停留不到一秒。

我去听演唱会的这个乐队叫 L' Arc ~ en ~ Ciel，过去他们的部分歌迷常常与另一个乐队 Glay 的部分歌迷互相攻击："你们太流行了，没有个性！""你们才难听呢！"

我同时也喜欢 Glay，所以没有参与过这种互相攻击，但仍然做过差不多的傻事。比如曾经因为自己喜欢几个外国歌手，就觉得国语歌手都庸俗不堪；比如也曾在心里默默鄙夷追捧大众偶像的同学，略带矜持地和人说起自己喜欢的歌手并表示"不知道就算了"。现在才敢承认自己那时也可笑。

"喜欢的明星"这个概念最初出现在小学同学录上，那时会为合群，写上几个常出现在这一栏的港台明星。这种最初外化的从众行为在进入青春期后渐渐发自内心，有许多人大概都说过这样一句话："我希望我喜欢的人永远不要红。"并常觉得自己与那些购买偶像物品并到处宣传自己偶像的人不同，而后者也反过来认为自己的行为更加正义。但事实上，无论是曾经傻气的我，还是与我不是一个路线的明星粉丝，都没有太大区别——我们都是通过成为某人粉丝的这一行为，获得一种接近真正社会关系的类社会关系（para - social relationship）。更重要的是，通过认同某个名人明星，我们能够找到一个容纳自己的群体影像。因为当我们开始踏入世界，艰辛地朝自己的位置跋涉之时，需要在长路上找些暂时的依靠。

在程度尚可时，通过追星获得归属感并没有太大问题。但有时，我们也会不慎太投入，在归属群体中忘我，或以为这些依靠的假象就是自己。

偶像崇拜古已有之，但名人崇拜发展成为粉丝现象确实是近代兴起的现象。最初将崇拜名人定义为一种症候群的是美国佛罗里达州德芙瑞综合大学的林恩·卡彻奥（Lynn MeCutcheon）博士，2000年左右，卡彻奥及其同事进行了追星研究，并发展出了一个追星量表。每日邮报记者詹姆斯·查普曼（James Chapman）在一篇介绍这个学术研究的文章中，第一次使用了追星症候群（Celebrity Worship Syndrome）这个词。这意味着人们开始意识到追星产生的粉丝现象正随着媒体的发展，成为一种需要注意的特殊问题。

其后不久，英国莱斯特大学的学者约翰·莫尔特比（John Maltby）等通过研究，将追星划分为三个不同的等级：娱乐/社交型追星，强烈的个人型追星和边缘病态型追星。

娱乐/社交型的追星仅止于将追星作为日常社交的一种方式，比如和朋友讨论自己喜欢明星最近的动向；强烈个人型追星的群体痴迷程度处于中等水平，且伴随一些神经症性情绪和行为，比如认为自己崇拜的对象是自己的灵魂伴侣；边缘病态型追星痴迷程度最高，典型的表现是出现偶像个人物品收集冲动，甚至出现跟踪崇拜对象的现象。

自那时以来，追星现象已然愈演愈烈。普通收入的粉丝为偶像一抛千金刷投票、送虚拟或现实礼物；明星粉丝一次次发起规模巨大的网络支持或声讨“非粉”（外群体）行为每一次都激起人们更大的惊奇。将购买偶像专属应援物作为衡量忠诚度标准、攻击比自己更具有优先接触偶像能力的人、攻击偶像的恋人……这些行为背后的认同感已经不是“我是他们的粉丝”的程度，而是更强大、更具有群体性的：“他们的粉丝就是我们这样一群人”。难怪有媒体人甚至开始将追星行为称为现代邪教。

根据研究发现，追星群体大概同一些令人担忧的精神特质相关。英国不少研究发现，即使是迷恋程度中等的个人型追星群体，也多有较高的焦虑、抑郁水平，或有身体疾病，精神健康水平不甚乐观。一些临床工作者更指出，一个完全投入当下生活的人，自然是并没有多少时间去追星的。

但我想人们与偶像的关系倒也未必都是一场悲剧。尽管在心理学中，与偶像的关系被定义为“类社会关系”，意味着个体和偶像之间并非真正的社会关系，而是基于一方不知情的单方面幻想关系，但它必不是一场永恒虚无。

它的意义在于——比如，我已经无法跟唱 L’Arc 的所有歌曲，并且其中有一半想不起来名字。我听过他们最后一张新专辑是七年前发行的。对我来说，他们早已失去一切虚幻的象征意义：我并不觉得他们所写的歌词代表自己的心情，不会幻想其中某人是自己的灵魂伴侣，谈到他们的长相、小习惯、口头禅，也没有任何激动的心情，关于他们的话题也好久都不更新。当我再听到他们的名字，心中升起的想法只是——长长岁月过去，你我都告别许多回忆，但幸好你们仍在，并且我还记得你。

当偶像们跨越时间，他们于是脱离虚无，成为我们人生轨迹的共有证人，他们的存在所证明的，是我们曾经的幼稚与怯懦、孤独和勇气。

当晚的演唱会上，我旁边坐着一个心情有些矛盾的姑娘，她明显十分喜欢这支乐队，却总是顾盼着远处的朋友，每当激动起来想要投入，都忍不住看看周围的人，以确定自己是不是得体。

我很想同她说话，但因为忙着激动乱蹦而没时间管她。我想同她说：姑娘呀，想到你所喜欢的这些人，有一天也许会宣布他们是最后一次出现在你面前为你弹唱时，旁边的人是不是在跟你一齐尽情投入、朋友是不是和你坐在一起，会不会嘲笑你的太过激动，真的重要吗？

能像现在这样，和那人踩着同样节拍，乘着同样的旋律，涌动相同的情绪度过的每一分钟，都是我们再也无法回到的遗憾的过去啊。

当偶像们跨越时间，
他们于是脱离虚幻，
成为我们人生中从未对面讲话的老朋友，
他所证明的，
是我曾经的爱与怯、孤独和勇气。

恋爱依存

人需要恋爱，以证明平庸的自己并非无药可救。

担任一个公共树洞，你可能真的意识不到爱情在现代人精神中占多大比例——太大了。

因为曾经的职业（心理咨询师）和现在与心理学有关的头衔，我常收到大量感情咨询，这些有关爱情的困惑和问题大概占所有问题的90%。开通公众号之后，不用特别说明本号接受倾诉，也会陆续开始收到人们的爱情故事。难怪情感专家一度成为热门职业，爱情商谈实在是刚需。

谷崎润一郎的散文《恋爱与情色》里面，谈到西方文学向来崇尚恋爱故事，没有恋爱的小说是不可思议的，以至将非恋爱类的政治、社会、侦探等类型小说被看作“脱离纯文学范围的‘功利性’和‘低级’的东西”。反过来，东方文化，无论在日本还是中国，似乎都将“不把男女恋情放到台面上谈论”视作文人教养修为的一种。

如今虽然恋爱为主题的小说依然不被当作地位崇高的文艺作品看待，但要是以畅销、受欢迎为衡量标准，这些小说的地位则远超非恋爱小说。而支撑起恋爱文艺作品需求的，则是人们巨大的情感需求。

爱情确实太吸引人。昏沉、酸胀、又软又刺，谈多了怕伤害它，不提又怕它转瞬溜走，以至于单单为恋爱这件事，就值得人类苦思冥想出那么多箴言，发酵出那么多大同小异的烦恼。

这些有关爱情的问题可能发生在爱情的任何阶段。恋爱没开始前，烦恼如何开始一段恋情；恋爱预备期，烦恼如何处理暗恋、如何让对方喜欢自己；恋爱中，浪漫期烦恼如何向对方展示自己；权力争夺期，纠结如何判断他人是否真爱自己、如何改造爱人；整合承诺期，开始哀叹爱情在家庭关系中的衰变；劈腿分手期，煎熬人性弱点挑战安全感破碎的边界。下一段感情仍不愉快，又陷入对过去创伤经历的反省……

在这个波折重重的过程中，你可能会见到大量有关爱情的科学解释。

比如投射，某人身上一点与我们某一时刻的幻想忽然吻合，便将自己的缺陷和期待自作主张安到他/她身上。比如基因和荷尔蒙层面的吸引，你的选择并不全然出自自主意识，那些解释不了的部分，其实是你和对方基因类型的类似点在暗暗起作用。还有各种难以验证却在解释个体经验时容易让人产生可信感的童年经历说、原生家庭创伤说——女生会喜欢上像自己父亲的人；而不断爱上不适合的人，是在和过去的家庭关系较劲；或是别的什么原因，不一而足。

总之，就在一切亲密关系咨询师快要将这些解释用尽时，终于有人从这种庞大的爱情需求中发现了异样，以一个词来描述这个时代人们对爱情的狂热依赖：爱情成瘾（Love addiction）。

2015 年，《纽约时报》的一篇名为《现代爱情》（Modern Love）的文章，撕开过去对爱情的一切粉饰太平的解释，将这种过大的需求是一种成瘾的本质，以及其毁灭性的影响呈现了出来。

文章的男主角每当遇到一丝激情，就不惜投入大量感情，耗费大量时间成本，折损生活，放弃职业，不在乎其他任何事情，只为了尝尽所有快乐和痛苦，将那一点激情尽力燃烧殆尽。这样的情况反复发生，恐怕够 20 个精神分析师津津有味地分析过去一整年他的经历是如何给他造成创伤体验的。但最终，他还是摆脱了这种对亲密关系的依存，方法是：找到了一份自己热爱的工作。

由此，爱情成瘾这个词浮上水面。人们和治疗师们开始重新认识无尽爱情需求的共同特征，并将之归纳出来，列为危险信号。它们包括：

· 拥有有害的关系，不断和不恰当的人坠入爱河，卷入多段复杂的平行关系中等。

· 生活被亲密关系极大影响，如无法独处或无法忍受和伴侣异地，对爱情抱有“存在唯一合适对象”或“完美恋爱关系”的幻想等。

· 觉得没有爱情的人生没有价值，无时无刻不在寻求爱情的可能性。

那爱情成瘾是如何产生的呢？“成因很复杂，因人而异。”一个提供爱情成瘾咨询的机构这样说。《纽约时报》的那篇报道也许能解释一部分原因，巨大的情感精力在缺乏依存对象时，只好通通投放到爱情这个我们早就被教会可以容纳激情的领域。

我们不妨做一个大胆的猜测，爱情成瘾症状大概多发于青春期到青年早期，性成熟之后，真正为个体人生负责之前。毕竟，寻找人生目标、自己喜欢的事、梦想等都是相当长期、复杂且不容易明确的过程。相比之下，寻找一个他人这个目标则容易得多。从降生人间到这段巨大的浑噩时期结束之前，所可能受的最大的苦，大概不过爱情之苦。这之后，怕再也没有一段时间可用来纯粹地享受恋爱的折磨。

然而，这种需求是否真的那么大而无当呢？

事实上，爱情本来就是个近似成瘾的体验。神经科学研究发现，在体验激情爱时，人的大脑激励回路被明显激活，而失恋者大脑纹状体的伏隔核也十分活跃，这些都是和成瘾症状高度相关的脑区。

并且，对于群居且确实需要群体接纳和认同的人来说，亲密关系确实是个永恒的需要。尽管爱情的过程看上去总是相似：将成未成之时，互相试探；修成正果之时，开始讨价还价，规划爱的份额和未来。但是，在孤独的世间，有一个人确定属于你，爱恋你，在感情上全部或部分地依赖于你，这唯一最容易获得安全的地方，也只有爱情。

心理学上著名的巴纳姆效应，指的是对那些声称是为人们量身定制的描述，人们会寻找相符合的特性进行验证，并认为这些描述非常准确，而实际上这些描述十分模棱两可，是放之四海皆准的。“爱情成瘾”这个新的诊断名词，可能也只是这样一种模棱两可的描述，给精力无处放置的人们提供新的标签，把自己归入一个群体，获得短暂的安全感和抚慰。

人需要恋爱，

以证明平庸的自己并非是无药可救的。

没有欲望的年轻人

当看到日本媒体提出“断食系”这个名词时，
我知道讨论欲望这一天终于是来了。

大概再也没有哪一种文化比现代日本流行文化更深谙人类认知缺陷、擅长归纳与贴标签的了。继用“肉食系”形容对恋爱和性都饥渴主动的人，“草食系”形容在恋爱和性方面比较被动的人之后，“断食系”这个概念依然水到渠成不可阻挡地出现了。尽管这中间还出现过“菜包肉”和“培根蔬菜卷”这两种形容对恋爱和性的表达表里不一的群体标签。

“断食系”顾名思义，就是对恋爱和性都毫无兴趣的人。如果一定要用华语流行文化的标签粗暴归纳的话，大概就是“性冷淡”加“爱无能”。过去，性冷淡是作为一种生理特征被人熟知，“无性恋”也作为一种新兴群体，从性向光谱中突显出来，小小地吸引过一阵眼球。但比起这两者，“断食系”则要更加非正式也更加满不在乎一些：他们不过是人类的那么一拨人，从疯狂求偶或被动恋爱的选择中走出来，宣布自己“既懒得爱也懒得做爱”了。

对于“性冷淡”和“爱无能”，大部分所谓的解决方案或者劝慰都显得一板一眼。

对爱与做爱冷感这一问题，过去的解决方案都比较简单粗暴。生理因素去看医生，心理因素去看心理医生或咨询师。在这个有病治病的前自由意识阶段，它被认为是一个毫无疑问的需要矫正的“问题”。当事人本身想不想被“治疗”，是不在讨论范围的。

后来，一部分感到自己的意愿被无视了的当事人和有平权意识的人反应过来，觉得不对劲，提出也许存在“无性恋”这个群体的说法。他们确实对性和恋爱关系没有兴趣，不需要被治疗和矫正，只需要周围人让他们在一边静一静。至此，对自己的意愿有清晰认识，或者说想通了的人得到了安宁自己生活的理由。

至于还没想通的、依然怀抱希望、自称着“爱无能”，用“老师我感觉不会爱了”问句四处求助的人，各种情感专家、树洞大师提供的参考答案也非常贫瘠。特别流行的套路是以过来人的口吻劝慰他们说这是因为“还

没遇到对的人”。大概思路是这样：存在一个唯一的人，全能无敌，包治百病。在这个人出现之前，提问者只需要像药物成瘾者依赖药物一样，让自己对“那个人”的想象形成依赖，从那对未来的想象中获得高潮，来填充自己当下心中的空洞。至于充满这个空洞的对生活的疑惑，以及被主流观念“人必须要恋爱才正常”所排挤的孤独，则是不需要正视的。

总而言之，几乎所有的对策都是针对个体的。从个体身上找原因，得出这个个体具有特异性的结论，用改善个体的方式去寻求解决方案。而另一部分原因则很少被谈起。它们恰恰隐藏在那些空洞中。

在讨论爱的能力时，个体因素当然是不能完全否认的，“原生家庭”这个当代流行心理学的万能归因自然要出现。

一个人到目前为止的人生，及其对周围环境和自身的看法，毫无疑问是被过去各种经验所塑造的。而在人漫长的生命早期中，原生家庭是主要的经验来源，成为早期看法塑造的参考。在“爱无能”这个问题上，原生家庭所提出的理由，多数是童年创伤、不良家庭经验造成人接受与给予

爱的方式出现问题。

但是，大部分流行心理学有意或无意地忽略了一件事：成长过程中，人所获得的经验是不断增加的，与之相伴的，人对自身和世界的看法也在不断被重新塑造。作为一门科学的心理学，像其他现代学科年轻时一样，走在一条不断探索、推翻旧论、试图建立新联系的路上。早期经验对一个人究竟有多大影响；原声家庭这个来源和一个人自身的个性特征、生理倾向、社会和经济环境、童年和青少年期的社交经历等诸多因素一起如何塑造一个人，互相之间以什么样的关系，各占多少百分比……这个复杂的模型，至今依然在不断地更新和改写中。唯一可以确定的是，早期经验对一个人的未来并不具有全面决定性影响。

再者，原生家庭本身是什么呢？是你的父母（或任何你身在其中长大）的家庭。再还原下去，原生家庭中有的是另一对伴侣。是另外两个人，各自带着许多来自后来经历的经验组成一个小单位，应对着当下持续变化着的经济和社会环境，在家庭中演绎着有限的可能性。原生家庭不是孤岛，你所经历的一切与其说是来自父母，不如说是来自你和你父母共同所处的这个人类社会的一个断面。

知名心理学家朱迪斯·哈里斯就提出过类似观点，认为不应当将教养和成长的关系看作由祖父母到父母再到孩子的纵向孤立的影响模式，而应该是更趋近于代际之间都有很大不同的、与更广阔的社会现状相联系的横向模式。父母当时所处社交群体的观念和风格等因素更显著地影响着孩子的经历。

如果忽略这些复杂视角，单从原生家庭甚至单独个体角度去审查失去欲望的年轻人的原因，必然只能送出一些干巴巴的过来人的劝慰和感慨。比如“现在的人觉得爱无能，因为不敢投入感情。爱情应该是轰轰烈烈的。”（爱情的形式当然可以是多样的），比如之前提到的“做更好的自己，等待唯一的人。”再比如“年纪越大，越难以从独身走进恋情。因为一个人的生活习惯日益固化，很难再接纳别人（进入关系与共同生活是两回事）。”

那么，撇开个体化的狭窄视角，没有欲望的人们是怎么回事呢？实际上，“爱无能”可能一直存在，“断食系”并非被定义了才出现，而是终于有人肯将它说出来。一些从文化视角出发的临床工作者提出，当文明开始教导我们从文化偶像中汲取成功的参考值，从技术、性、权利、金钱甚至亲密关系中证明自我价值，商品交换则自然从中出现。我们越将自我价值建立在外部的肯定上，就越无法达成自发的自爱。你内心的批判之声会一直告诉你自己：我还不够好。我拥有的还不够多，做的也不够多。只要价值建立在外在体系上，这种自我匮乏感就永远不会消失。人们在其中看不到情感链接，只看到各种不同形式的商品交换，一部分人在持续的匮乏感中止步不前，成为抱有“爱无能”疑惑的人；另一部分人则干脆嫌麻烦放弃了，成为断食系、没有欲望的人。

真的，恋爱确实很麻烦。

爱、恨、痴、嗔，这些东西，无论用在虚幻之物上醉生梦死，还是用在真实之人上赤身相搏，都是一场巨大的消耗。对忙于为自己附加外在价值的现代人来说，投入它费时费力还不一定有好结果，放弃又有什么不好？

人一定需要伴侣吗？人一定需要一段为自己源源不断地提供内心力量的关系吗？这种关系只能通过另外一个人来实现吗？没有欲望的年轻人需要被治疗、矫正吗？

我过去认为短短一世当然要尽全力去一尝人类之爱的纠葛痛苦和快乐，才能铸就一颗最好的心。但终于觉得由着别人去也没什么不好。为爱拼尽全力的人和懒散的没有欲望的断食系；自我过大或过小、永远无法容纳他人的自恋者，与甘愿为外部价值投入生命的人……世上一直有那么多人，我们各自散落世间成为璀璨画面中或明或暗的点，才称作世间百态。

世上一直有那么多人，
我们各自散落世间成为璀璨画面中或明或暗的点，
才称作世间百态。

爱情不是精确匹配的游戏

“人们常常把如痴如醉的入迷，疯狂的爱恋看作是强烈爱情的表现，而实际上这只是证明了这些男女过去是多么寂寞。”

世上我最不爱谈论的就是爱情，但作为一名心理学家，常不可避免地被当作“情感专家”出场给意见。

“情感专家”是个很让人难堪的称谓，凡在某领域要称为专家，必然是经过多年扎实的理论学习或实践训练之人。“情感”的理论不难学到，心理学中有对情绪情感的研究，各临床咨询治疗学派也有亲密问题处理的训练。但事实上大量占据情感专家群体的是没有任何专业训练背景的人。即使说，这部分专家的经验完全来源于自己十分有限的直接或间接经验。靠个人经验加上理论学习摸索，这很像上上个世纪的弗洛伊德，没有实验，大多是经验和思考，倒也把自己的理论建立了起来，且深深影响了后世。最终因为缺乏实证数据支持，成功地由心理学被划分到了哲学和文学界……

一个人能有多少主观体验，经历多少种情感状况呢？TA 所观察到的间接经验样本之小，又能多大程度上反映现实呢？咨询师和心理医生除去有训练基础，还有大量来访者案例，倒是谈得上（间接）经验丰富。至于其他依靠个体经验的“专家”，不如把他们当作更爱思考、话说得更漂亮的人。

实际上，即使是科学，也依然难以解释“爱情”。以一个概论上描述爱情是什么，以及如何学会它，是个始终没能解决的难题。

曾有这样一则号称深度揭示爱情真相的所谓心理学文章刷遍各大公众号和所有人的朋友圈，题为：《麻省理工经济学家告诉你男女配对的真相》。标题权威感十足，内容看上去也很细节充实。文中称，麻省理工著名经济学家丹·艾瑞里（Dan Ariely）的书《怪诞行为学2：非理性的积极力量》（The Upside of Irrationality）中有个实验，给100个男女大学生编号，1～100男单女双，但每个人不知道自己的数字，只能看见别人的，然后让他们去找异性配对，争取配出来数字最大，奖金越多。

过程和结局都出乎意料：首先大数字的人旁边马上围满要求配对的人，然后因为竞争太激烈，渐渐有人放弃退而求其次去找数字偏低的，接着被围的人因为一开始选择太多而待价而沽，最后失去选择“门当户对”对象的机会，只能保底选择和自己相差较大的。而数字小的则备受冷落，最后只能互相凑对，或通过交易来找人凑对。结论是这个实验揭示了人类恋爱关系中令人唏嘘的现实：有人天生资本多，容易被哄抢，但大多数人抢不到，于是退而求其次，资本少的人只能靠利益交换来结成关系，但条件太好的人也常因为待价而沽过久而选择不如意。

听起来细节详实，简单而深刻，似乎难以反驳。

但事实是，这个看上去正儿八经的文章不仅偷换概念，而且根本没有确切出处。

首先从文中提供的实验信息来看，这个研究的过程和结论之间是根本不匹配的，也就是说，以这个实验设计，根本得不出文中提到的结论。

实验过程虽然包含男女两组参与者，参与者在进行配对时也要求要去找异性，但匹配的原则完全是数学性质的——要求两人加起来数值尽量大而已。实验压根没有要求参与者在寻找配对者时考虑任何关于异性吸引力方面的因素，其设定的数字也根本和性吸引力无关，这样呈现出的结果怎么可能说明任何和感情或吸引力有关的问题呢？这组被试要是都换成别的群体，实验也依然可能出现类似结果。比如若换成一群办公室文员和写字楼清洁工，按照实验设计也依然会出现类似的结果，难道结论说明了"办公室文员和写字楼清洁工群体之间配对的真相"吗？

结论会随着群体定义出现可笑的变化，这就是因为这个实验设计只能体现人的决策方式，而和性吸引力或择偶没有任何关系。而这个牛头不对马嘴的故事偷换概念的关键转折点在于，讲述者突然将数字等同于关系中的魅力值。

文中提到的实验者丹·艾瑞里是一名扬名已久、常出现在TED等公开场合的知名经济学家。他真的曾做过这样的研究，并眼睛也不眨地得出这种结论吗？抱着"找原文献是追溯真相的第一原则"的态度，我和小伙伴立刻去找出处。

《怪诞行为学2》的英文原版名为 *The Upside of Irrationality*。经过朋友查实，原书里根本就没有这个实验。

原书只在第7章简短地提到一个类似的虚拟场景，但编号只有1～10，场景为一个晚会，过程和结果都是假设。也就是说，它压根不是一个实验，只是原作者在他一本书中的设想场景。

这么一段话，为何能让脑洞极大的不知名作者幻想出一个如此栩栩如生的实验呢？原因大概是丹·艾瑞里以这个虚拟场景类比人类的同征择偶过程。他的比喻看起来似乎和《麻省理工男女配对》这个幻想实验的结论差不多：人类在择偶时数据化其他人的价值，并用类似的经济学原理进行决策。

从同征择偶真的能引申出人类在择偶行为上这种经济的数据化决策吗?

首先，什么是同征择偶呢?同征择偶指的是生物在寻找同伴（包括性伴）时趋向于寻找和自己基因特征或表征相似的对象，这种相似包括但不限于体型、肤色和年龄等。人类的同征择偶不仅表现在伴侣之间基因更相近，也表现在伴侣之间会有相似的教育水平、社会经济地位、种族、文化背景和人格特征等。

这样看来同征择偶似乎与不存在的实验结论（人们最终会选择和自己差不多“价值”的对象）暗合。

然而讽刺的是，举出这个虚拟例子的丹·艾瑞里，自己都未能实现自己的设想。

若择偶是精确匹配，则一定能通过一套模拟的打分系统完美实现配对，典型的例子就是在线约会网站。艾瑞里想要通过研究优化在线约会网站，然而他最终收获的只有失望。因为“固定标准无法确切代表人类的观点，我们不是问卷中各部分相加之和。我们散发的气味、举手投足都无法存在数据库里”。

这就是说，这篇广为流传、细节丰富的所谓以心理学揭示爱情真相的文章，它所主张的“爱情是精确匹配的游戏”，和艾瑞里多年研究的结果正好相反。

这实际上是显而易见的。因为无论是这个不存在的实验，还是丹·艾瑞里书中举的例子都不能简单描绘人类的爱情选择，它们对于现实来说都太单一扁平了。

现实中的择偶标准是不可能像实验中那样，所有人处在同样的群体，用相同的标准，单纯地对高分值的人进行追逐。身处社会环境中的我们，择偶行为的模式要复杂得多。我们本身的“条件”并非唯一决定原则，对方自身的因素（偏好、所处人生阶段等）亦会影响其与我们的关系和选择。

另外在不同群体中，甚至对不同的个人来说，所谓的“价值”也是不断变化的。比如“中老年多金的男性”可能在一部分人群中被视为最佳配偶，但对热爱年轻肉体的女性来说显然非常缺乏魅力。

简单来说，在真正自由的择偶中，并不会出现所有人涌向几个男/女神的情况，而是不同的人群趋向不同群体的更加复杂的场面。

如果你觉得世界能够用几句话总结，希望得到一个直接的答案或简单的箴言来对待爱情，情感专家更适合你，他们就像急诊，一时止血是必要的。但浮于经验的总结和过时的理论总能被轻易地证伪。

比如，“恋爱最好不超过一年半。”——是吗？世上可有不少由初中开始交往最终修成正果的夫妇。

比如“对心仪的异性要若即若离，保持神秘”——对亲密关系中坦承度的需求虽然是因人而异，但亲密关系总体上是人们坦诚各自的脆弱，并深度卷入的结果，若即若离永不坦诚，大概永远也不可能与谁真正亲密。

还有一句最常见的简单粗暴的建议:“要找对人”。如果把爱当作一个单纯的对象问题，结果只能永远找不对对象。

而最具有欺骗性的，莫过于各种教人独立、变好的理论。“你要独立、要时刻保持好的状态、要有魅力，才值得被爱”。追求自身完善这当然好，但以保持最好状态换取关注的物质交换思路，恐怕跟爱情也并没有太大关系。因为在这里，所谓“值得被爱”的意思，只是“赢得人心”和“对他人有吸引力”而已。我们谈恋爱是在竞选美国总统吗?拿到这一票，接下来数年任期就高枕无忧?

爱情的形态如此多变，这也是为什么在真正的人生中，你会见到美人与相貌平平者结合，会不明白为何你朋友口中的男神对你来说毫无吸引力，也会发现描述自己的理想对象十分困难。而这一切，才是人间应有的丰沛情景。

尽管由于诸多现实因素和贫乏的自由意识，将人估价而评的择偶方式在我国甚至世界一些地方依然存在，比如赤裸裸的公园相亲角。这亦给了人们轻易相信这种单薄择偶理论的基础。但，没有任何一个实验能够描绘、概括或决定人类的爱情，如果有，那该是人类的悲哀。

身高
年龄
学历
收入
职业
家庭
相貌
……

没有任何一个实验能够描绘、概括，
或决定人类的爱情，
如果有，
那该是人类的悲哀。

无法兼爱的人类

我们大概是不能同一时间平等地爱所有人的，但……

离巴黎恐怖袭击一段时间之后，已经足够人们尤其是东亚地区的我们开始遗忘这件事。这次事件中，和恐怖袭击对人类的危害同时引发讨论的，还有另一个近年来反复出现的争论：巴黎恐怖袭击之前，黎巴嫩也发生了恐怖袭击，而几乎同时，浙江丽水发生了自然灾害。但似乎只有巴黎的遭遇令世界伤心。

巴黎遇袭，欧洲自危，悲痛理所应当；同为对抗 ISIS 的盟国，又遭受过 911，美国受到的震动也可以理解，而远在东亚的我们，无论与巴黎还是黎巴嫩都相距甚远，为什么大部分人只为巴黎点起朋友圈的蜡烛，却对黎巴嫩提不起关心，甚至都没有多少人提及近在身边的丽水同胞?

为何全世界只为巴黎哭泣，巴黎就是比较重要，还是白人就是比较重要?

我们身为人类，具有一种极为重要的能力——共情（empathy，也叫同理心），它是一种对他人的遭遇感同身受的情感体验能力，拥有共情能力使我们能为他人快乐，看到他人受难时感到伤心，并互相付出关心。但由于我们的肉身所限，共情能力并非完美的。人类是存在共情盲区的。

著名心理学家和肉食主义研究专家梅拉妮·乔伊（Melanie Joy），对于人类对动物的偏爱曾经这样说："我们爱狗，而我们吃猪肉，这件事无关道德。"这句对我们因共情盲区产生偏爱的阐述，同样可以用在描述对巴黎的偏爱上：我们为巴黎人哭泣，我们不那么关心黎巴嫩甚至丽水，这件事也无关道德正义，这只是人类懒惰的大脑与媒体报道限制所致的现象。

“西方白人的生命似乎更重要”是一个在平等话题上经常提及的问题。在巴黎事件上我们对这件事的体会相比很深，产生的困惑也尤其具体：身边从未去过巴黎的朋友在朋友圈点起蜡烛言称“我的巴黎”，却没有对在丽水遭难的同胞产生悲痛。“为何不为自己的同胞祈福”，这个疑问的出现理所当然，但其假设的前提却并非理所当然。

我们的大脑在“决定”对他人付出何种程度的共情时，所调用的标准不是种族、国籍、地域等单一的标准，而是一个更笼统而灵活的概念：“自己人”。学术上称为“内群体（ingroup）”。这个内群体的标签可能是种族、国籍、地域，也可能是文化、思想体系、意识形态……它的定义完全由当下的情景所决定。也就是说我们在不同情况下，会从不同角度，和受害群体产生不同的认同。这种偏心，更容易发生在我们启动次级情绪（如爱、希望、轻蔑、不满等，相对于“愤怒、悲伤、害怕”等原始情绪）的时候。

在巴黎这件事上，欧洲人对巴黎的同胞意识自不必提，美国虽然和法国操不同语言，但和法国同属高加索人，共享一套相似的意识形态，因而产生对内群体的共情（其中可能也有同样遭遇过大规模恐怖袭击的共同受害者因素）。而处于中东地区的黎巴嫩，无论语言还是文化对西方世界来说都距离较远，于是没有引起同等程度的关心。

至于中国，原因可能更抽象一些。我们对巴黎的共情，可能源自我们日渐认同于西方主流价值（这是随经济发展和全球化发生的）。更有可能是因为巴黎的历史、经济或美学地位：流动的盛宴、艺术与奢侈品的中心，巴黎是被文学或艺术颂扬的人类文明的亮点之一，也是被消费文化塑造的某一类生活美学和方式的象征。

它被归为我们的内群体，更多因熟悉赋予其丰富的象征意义。至于丽水的遭遇，虽然在同胞上属于内群体，但除去浙江周边或情感亲缘上跟其有关的人，大部分人对这个地方的熟悉程度，大概和黎巴嫩不相上下。

谷歌提供的世界舆论对比图佐证了这一点：用英语搜索，巴黎恐怖袭击的关注度远高于黎巴嫩，而用阿拉伯语搜索时，结果就完全反了过来。

并不是白人的生命更重要，而是掌握主流价值的人群，碰巧更容易对西方白人进行认同。

需要强调的另一点是，我们的这种偏爱并非有意为之，而是几近自然且无意识的。

神经科学研究发现，我们的大脑对内群体人群的共情唤起明显高于对外群体人群的共情。2012 年一项神经科学实验招募了一组阿拉伯和以色列人，并给他们看一篇灾难报道，当报道中的国家是他们自己的国家时，他们大脑中负责共情的区域被激活，而同样一篇文章报道的是某南非国家，大脑中的共情区域却没有明显活跃的标志。

内群体的共情偏差也在其他人类群体中被大量证实。给白人被试看一组人手被针刺的照片，当照片中是白人的手，被试者大脑产生较强烈的共情唤起，而当图片中是黑人的手，则没有显著共情唤起。这个结果同样在亚洲人群体、宗教群体和老年人的群体中得到了验证。当我们看到一个被认为是“自己人”的人手被刺时，我们大脑体会疼痛的相同区域会被唤起，使我们生出同理心。

这并非我们有意为之，只是我们的大脑有许多“令人讨厌的倾向性”，令人类对自己人更容易产生共情。

人们在媒体提及时产生同情，在媒体不提及时遗忘。

世人对巴黎的关心，毫无疑问也有媒体报道导致的信息不平衡的原因。我们对于内外群体的判定，取决于我们对目标群体暴露信息的掌握程度。

对于各媒体来说，在巴黎设有一个分站，显然比在黎巴嫩设有分站可能性大多了，获取信息的可能性也高得多。客观因素导致对巴黎的报道在数量上占居主流。丽水事发时，我毫不怀疑浙江境内的媒体对灾难进行了报道，但对于暴露在来自全世界庞大信息下的我们，地方性信息所能覆盖的比例大概是不可能与巴黎报道相比的。

这也是为什么在不可控的灾难报道中，越来越多的媒体会报道无辜受害者的姓名身份。在灾难事件受害人较少的时候，人们较容易对受害人进行个体的认知，从而完成内外群体的划分，而当受害者人数上升到一定水平，信息处理程度开始变得复杂，人脑就开始放弃个体信息处理，而倾向于把受害者看作一个没有个体特征的数字。而当媒体停止报道，这些信息开始远离我们的大脑时，我们自然就开始遗忘。

人类可能兼爱吗？

答案大概是很难。

在共情上的偏见是我们进化的一个重要功能，它令我们能快速分辨出自己的群体，并对能支持自己的人付出关心和帮助，共同应对生存。同时平等地爱所有人可以说是与我们的大脑运作方式，以及我们的生存需求相冲突的：处理多层次信息需要更强的信息处理能力，更长的反应时，这根本上是不被大脑功能所鼓励的。爱所有人，也就等于没有对特别关心我们的人付出同等关心，等于在某处剥削着某个人的情感付出。

但我们更关心自己人并不意味着我们毫不关心非自己人。对于自己人的认同，人脑之灵活令人吃惊，我们可以快速切换自己的群体认同策略。而共情盲区也可以通过跟不同群体的人相处，增进了解而跨越。

关心自己亲近的人没有错，这不意味着我们不能通过思考软化共情盲区带来的认知壁垒。

我们大概是不能同一时间平等地爱所有人的，但确实可以爱更多人。

我们大概不能同一时间平等地爱所有的人，
但确实可以爱更多人。

弹幕上瘾

热爱弹幕的人与热爱影院氛围的人是绝不可能在影院里相遇的。

我已经发展到一两天不上弹幕视频网站哔哩哔哩就不舒服的程度了。

这其中自然有能自由方便地看剧的原因，但对弹幕的上瘾也是原因之一。

弹幕指的是一种将视频评论实时显示到观看视频上的技术。不同于传统视频网站，评论显示在每条视频下方的形式，弹幕网站会将观看视频者发出的评论发送到视频上一同播出，并将评论内容保存在这个视频文件里。它最初来源于日本动画网站 nikoniko，之后发展到中国，竟发扬光大，前些年甚至爬上影院荧幕，亚文化杀回主流。

当然弹幕最终没能在大荧幕上长久保持下来，这恐怕与它的存在必须具备某些特定的环境因素有关。

视频弹幕其实是不大容易入门的。我最初接触到弹幕时，对布满吐槽的视频页面也很不习惯，感觉就像在人声鼎沸的大广场上看片，注意力被分散，又常常被弹幕的情绪左右，所以最初都设置屏蔽所有弹幕。直到有一天不小心点开了一部不怎么让人兴奋的电影，节奏慢且剧情空虚，只有个别台词和演员值得让人坚持下去，我打着哈欠支撑着，怀疑自己投入的这段时间是不是虚度了人生。就在这时，一个新的视频分页切换上来，而我忘了关弹幕，弹幕的意义霎时间全部彰显了：两万五千多条弹幕表明，曾有成百上千人与我一样浪费了生命中的一段时间看了这部片子，而同时，大概有几百人跟我一样在看着眼前的视频时怀疑起自己的人生。这些同伴在无聊的剧情空隙中，留下了大量精彩绝伦的吐槽，趣味远超影片本身。

一时我就像回到戏剧与电影最初诞生时播放的场所，大家嗑着瓜子吃着零食看大戏，意不在剧情，全在热闹。弹幕的意义就在于此——还原观看视频时的社交互动场景，令人们重新意识到互动对观影的促进效果。2014 年的一项观察研究发现，和他人一起看电视并不会对享受电视节目造成太大影响，一起看电视时一些非语言类的行为也不会影响观看电视的核心体验。只是看电视时聊非剧情相关的内容，会减弱观影的悬念体验，但如果一起聊跟节目内容有关的话题则能加强人对节目的共情体验。弹幕的陪伴优势，除了填补烂片的空虚，感受“共同消费”带来的凝聚力，以及由群体凝聚力引出的对过程体验的高评价，还有与剧情相关的讨论带来的更强的共情体验。

当然弹幕对认知输入确实存在额外负担，这也是它不那么容易入门的原因。我们在感知事物时，实际上每时每刻都有大量信息呈现在视觉范围内，大脑之所以没有因为信息过多而停摆，是因为我们的注意力起到了筛选作用。注意力通过对情境中的声音和视觉刺激进行筛选，将主要和有效的信息优先输入大脑进行处理。而弹幕视频不同于以往的荧幕观影，多出了许多平行的文字信息，依照过去的习惯，大脑会关注屏幕上的故事，但屏幕上滚动的文字在视觉上也非常吸引人，调整两种信息的输入确实需要时间。

然而，结合之前同伴对看电视娱乐的加强效应，我们可以认为观看节目并非是一直要求单一刺激输入的活动。要不然像电影院这样强调安静肃穆的场所，为何一直贩卖吃起来会有声音的爆米花呢？这难道不是既干扰自身体验又有可能干扰他人的行为吗?

实际上，吃爆米花就是观影观戏等活动遗留下来的社交属性。早在电影尚没有普及为大众娱乐时，人们观看体育比赛、真人综艺杂耍作为日常娱乐，如同过去我们聚在一起看搭台唱戏，也是热热闹闹挤满人。1905年专门放映电影的影院大量出现，那时影院仍沿袭过去街头表演的方式，面向平民，最低票价才五美分，人们大量涌入影院，热闹和吃零食的习惯也被一同带进了影院。直到后来豪华电影宫兴建，取代廉价影院，为提升电影地位，电影院开始设立一系列高雅化的庄重规则，一度也曾不允许吃东西，交流更是禁止到现在了。

这些被电影工业高端化变革剔除的平民的、热闹的、不上台面，却能加强共情的交流需求，终于在弹幕里面复活。

后来社交媒体一再细分，人们交流表达寻求共鸣的途径也不断增加，于是弹幕最终没有进一步发展下去，各弹幕视频网站也逐渐风头暗淡，除了几家早期崛起的网站，难有新网站可以异军突起。弹幕中诞生的精彩评论词也不再频出。如今看哔哩哔哩，我也逐渐又开始关弹幕了。

我们究竟需不需要弹幕呢?

几年前在大阪梅田附近的一家影院看一部温情动画电影《桃子的信》，进门前从不吃电影零食的我，一时兴起去柜台看，发现这家影院的观影套餐中除了可乐、爆米花这样的美式标配，竟然还有饭团加乌龙茶这样本土的朴素套餐。立刻点了一份带进去。

和一般影院相同，电影开头是规则提醒动画：大声喧哗，会被工作人员提着脖子扔出去；把脚放在别人椅背上，会被工作人员提着脖子扔出去；孩子哭闹，当然会被工作人员毫不留情地提着脖子扔出去；若发生火灾等安全事故，要是不排着队好好走，还是会被工作人员提着脖子扔出去……我抱着不会发出声音的食物，坐在影院里，小口咽下有关那部电影的温柔感受和质朴的食物。和人群一同走出电影院时，复杂的感受在我胸中丰富地堆叠起来，这种无人分享，既有一丝遗憾，又有些独自怀抱秘密的欣喜。

在弹幕里复活的是，
电影工业高端化变革剔除的平民的、热闹的、
“不上台面”却能加强共情的人类交流的需求。

第三章

在自我与现实间达成一个平衡

我们在这个世界中跌跌撞撞，与既有规则博弈，与其他生命互相渗透，努力找寻自己的方向。

外向迷信

既不粗暴地将外向等同于“会做人”，也不过分夸大内向的优势时，我们才算告别了迷信。

最近又去进修语言。各种进修和补习学校是很有意思的地方。人们在此褪去角色外衣，化为目标单一的生物：学员。远离其他身份，此时展现出的自我无论开朗或内向都格外纯粹。有人可以从头至尾不让别人察觉到自己的存在，也有人可以一直大声接讲师的话，争相背单词到课程结束。

爱接话的人常让我感到困扰，他们动静之大，毫不在意打搅到别人思考。讲师抛出的话头在他们看来就像弹球游戏里的钢珠，而他们就是不断移动的踏板，好像接不到，那话头就会孤零零砸在墙上炸出一个洞。有时心急口快，常接得牛头不对马嘴，但他们也毫不以为意，下次照接。

接上单词没有任何奖赏，到底是什么让他们对大声表现自己如此着迷?

多年前刚开始找工作投简历时，参照许多模板，自我介绍里一定说："本人性格开朗，善于沟通协调，有较强的团队合作能力……"，没有谁敢在简历写自己"本人内向，不喜跟人沟通，不爱与人合作"。

初生婴儿时，人们就表现出气质差异。初生婴儿的基本个性倾向大致分为适应容易和适应困难两种，前者占比65%左右。也就是说，世上确定地存在一部分人，和另一部分人有不同的气质倾向。内向和外向也是一样。

不同的研究对内向者在人群中的比例有不同数据。一份数据称35%~50%的美国人倾向内向。内向者在不同职业和人群中的比例也不同，2016年，一份使用明尼苏达多项人格测试的调查发现，60%的律师是内向者，而在知识产权律师中，内向者的比例高达 90%。

依照 2012 年的数据，以美国为参照的话，内向者占这个世界人口的比例也至少超过三分之一，然而有相当长一段时间，我们在有意无意地漠视这个事实。

我们用外向迷信将这些内向倾向掩埋起来了。

“外向的人心理比较健康”“乐观有诸多优势”“外向的人更长寿后劲足”……内向，就这样被我们对外向的迷信，逼得要么躲起来，要么削足适履——比如做一千遍测试题试图证明自己是外向的；比如努力学习被人认同的外向表现方式，以避免被人认为不会交际。

这诸多附加于“内向”上的刻板印象，甚至都不全是对的。

我们如何判断一个人是倾向内向还是外向？

内向的特质让人们趋向于通过自己的内在世界获得精力，而外向的特质使人们更多依靠外部的刺激获得精力。简单来说，前者参加聚会后不一会儿就开始想回家自己待着，而后者则一个聚会接着一个聚会越来越精神。

比起外向者，倾向内向者对来自外部的刺激依赖性较低，能够通过自己的内心世界满足自己。这种特质曾经为内向带来了许多误解，事实上，内向并不等于冷淡、不善交际、不合群。内向者只是拥有较少数量的朋友，较小而深入的朋友圈，需要更长的时间去暴露自己。

和外向相比，内向也没有任何智力和行动能力上的缺陷，只是认知风格会有不同。我们的人格倾向确实会影响我们的认知风格。神经科学实验发现，内向倾向较强的人在刺激呈现时能很快注意到，但需要调动更多认知资源去应对，并倾向对新刺激物进行更深入的思考；而外向倾向较强的人对周围环境的变化有很高的监控能力，但在新刺激出现时，他们使用的是迅速关闭其他认知通路以准备好反应资源的方式来应对。两种倾向的人群在记忆力和反应能力方面都没有大的区别，只不过在反应风格上表现出差异。

我非常不喜欢使用名人的例子，因为在不伤害他人的前提下，每个人都有权利按照自己喜欢的方式与世界相处，无论是否取得世俗的成功。名人事例的作用不在于他们的"成功"，而在于他们本身的声望能让足够多的人看到更多的可能性。因此如果名人事例对一些人有用的话，我们应该记住以下这些著名的"内向者"们：

奥黛丽·赫本，J. K. 罗琳，比尔·盖茨，亚伯拉罕·林肯……这个名单还有很长，最近在我身边的例子，是卡迪夫大学工程学系主任，作为杰出女性研究人代表，她讲话时说："我是个内向的人，真的，很多次讲话，我需要事先喝点酒才有胆量走上台。"

因此如果你觉得自己也有内向的倾向，你也不必羞耻。

你依然可以和几个少数的朋友长时间交往，不爱主动做自我介绍，讲话前很紧张，事情发生后很久才弄清自己的感受，然后花更多时间沉浸在内……你可以在需要公开露面前喝点酒，或用其他方法，坦然接受这些调动认知能力的小举动。你也可以平静但坚定地告诉别人这些组成你的特点，因为你生而如此，你总想好好想一想这个世界，这并没有什么错。

其实我也挺喜欢其中一些爱接话的人，他们吊儿郎当地与讲师调侃，插科打诨讲冷笑话，让无聊的授课时时有新鲜空气。我只是觉得那些在世上由头到尾沉默着的内向者，也应当得到尊重和支持。

另外，我们过去认为，人确定地分为内向和外向两种类型，但最新的人格类型量表告诉我们：人是多面立体的，人们可能在不同的方面和场合有不同的内外向表现，甚至在不同方面内外向有不同的体现，某人内/外向的人也可能在一段时间过后发生变化。实际上，每个人可能都能感受到，自己并非全然属于外向或内向，总有一个时刻，你感到自己精力充沛，而另一些时候你想礼貌地告诉别人自己要一个人待一会儿。

内向并不比外向笨，外向也并不比内向更聒噪惹人厌。没有人确定地只属于一个类型，因此也并不存在某两个或几个泾渭分明的人类群体，不需要诋毁和割裂任何一种特质或一类人。因为每个人都随时可能在自己身上发现两种相反的特质。

有一天你会发现，所有人其实都在一条宽广的光谱上各异地存在着，这才是世界本来的样子。

不论外向还是内向，

个人都随时可能在自己身上发现两种方向的特质。

有一天你会发现，

所有人其实都在一条宽广的光谱上，

各异地存在着，

这才是世界本来的样子。

苦难崇拜

事实上，“大量复杂坎坷的经历”与“更丰富的内心”之间，没什么必然联系。

上月去相熟的艺廊闲逛观展，正碰上一位油画家的个展。

不，我其实是专门为这个展览来的。艺廊的展览预告上这位油画家的名字早就吸引了我。她有一个充满童趣的别致叠音名字。

白色展厅悬挂着她同样像儿童游戏一般的作品，笔触毛绒绒，像儿童的梦境，氛围昏暗又色彩缤纷。

边看边和艺廊的当家人闲聊起来："这个艺术家已经四十岁了，一生从没受过苦。她本来衔着金钥匙出生，又嫁了一个家境更殷实的先生。她永远很快乐，从来不知道痛苦是什么。办画展，装帧、策划、场地租金，她都自己一手出资。所以，她的作品总在追求探索想象中的痛苦。"

难怪。我环顾她的画作，它们都装在现代艺术十分少用到的古典画框中，这些辉煌的画框框住她异常奇丽的笔法，就像在联手大声赞美她笔下的痛苦。这令我忽然想起托尔斯泰《战争与和平》的结尾，作者借贵族青年皮埃尔之口说，比起拥有巨大财富，他宁愿清贫。

顺遂的人总有那么一段时期，对自己过少的曲折经历心生内疚，对过于直线型的人生感到心虚。个体经历的有限性使我们必然对大量未经的经验抱有不安全感。这种不安全有的从言语表达中溢出，化为对痛苦的向往和赞美；有的激烈时转化为行动力，在直线的人生轨迹中硬劈出一条旁人无法理解的歧途。

这种对苦难的赞美，是因受限于自身经历，而赋予不了解的世界以过于浪漫的幻想。然而它却不加限制地散布开来，在日常模糊的语境下，成为一种对"苦难"的无条件的崇拜。比如，我们从小听到大，甚至今天仍时不时被提起的“逆境教育“，认为只要是逆境都对成长有好处，逆境出人才。媒体在报道成功案例时，一定会将当事人过去的挫折经历与当下的成功做因果联系；在讨论青少年情绪问题时，必然会搬出的“温室的花朵论”，认为现在的孩子经历挫折少导致抗压能力不强。

在崇拜苦难的语境里，似乎只有经历过苦难才称得上高尚，连文学艺术、内心之丰富也要仰仗挫败与痛苦。拥有不幸经历的人比较容易获得人们的敬重，仿佛 TA 因此能力超群，天生比人多些趣味；而经历顺遂、家境幸福的人生则常常被一句话带过，以致生活平淡的大多数人常为自己的无忧无虑感到羞愧，错觉自己因为单薄而无趣。

但事实上，“大量复杂坎坷的经历”与“更丰富的内心”之间，并没有什么必然联系。甚至苦难都未必令内心坚强。

我们通常谈论的挫折、生活经历在心理学中被十分中性地称为“生活事件（life event）”，这些生活事件在临床咨询和治疗上被归纳成人生中大大小小的变动，从伴侣过世、离婚，到搬家、考试失利，再到失窃、违反交规等等不一而足。其中每项事件都对应一定指数的压力，发生事件的程度和次数叠加，得出我们经历的所有坎坷造成的压力总和。——是的，所有挫折、坎坷的经历，直接带来的，并不是所谓财富、好处、激励，而首先是压力。处在压力下我们的精神状态，则称为应激状态。身体进入压力对应状态，我们会焦虑、紧张，压力严重或者持续则会造成更严重的生理和心理问题。而我们整个人生，我们现在所成为的样子，在一定程度上也可以说，是我们过去遭遇的所有压力和获得的快乐共同塑造而成的。遗憾的是并没有多少证据证明压力如人所愿地转化成了令我们更坚强的东西。

一些特别严重的压力事件，如早期与养育者分离、在发展的重要阶段缺乏亲密互动等严重负面经历，已经被发现会确凿无疑地导致无法挽回的认知发展缺陷。20 世纪 60 年代开始，罗马尼亚实行了不当的生育鼓励政策，使婴儿的出生率大大超过个体家庭的抚养能力，大量婴儿被送进公立孤儿院，以致到了 1989 年，孤儿数量达到约 17 万。这批著名的罗马尼亚孤儿因为孤儿院设施和人员配置短缺，在生命早年只得到了低限度的生存照料，以至于即使在一两岁后被良好的家庭收养，过上了相对优渥的生活，他们中的许多人也终身饱受着精神问题的困扰，出现认知和智力发育迟滞的问题。重大灾难和生活创伤事件导致的创伤后应激障碍（PTSD）是一个已经为我们熟知的名词，但在谈到对苦难的赞美和崇拜时，人们又把这种来自于创伤和坎坷的症状忘了。同样，贫寒和不利的教学环境可能确实出现了个别突出的学生，但与此同时，大量儿童辍学、糟糕的教学环境带来的教学不平等和低大学录取率就被忘记了；当我们在讨论少量所谓成功人士人生中曾出现的挫折时，大量曾经有过糟糕经历的罪犯和连环杀人犯又被忘记了；我们批评少年们抗压能力不强，当把原因归结为他们倒霉太少时，人们很少问起，他们的家庭和学校教育中，是否有一刻将重点放在培养一颗温柔又坚强的心上。

苦难和挫折究竟有没有一丝好处？大概并非完全没有。一些有限的研究发现，少年时经历过自然灾害的企业领导人，之后更加倾向于冒险。创伤也并非是一旦接触就终身不得治愈的“绝症”，早期的负面抚养经历未必让所有人日后都遭遇精神健康问题，而是更倾向于影响那些婴儿时期就气质敏感的人。

苦难和坚强的关系，是个目前难以具现化的模型。2010 年的一个研究发现，在经历过过多逆境的人、生活过于顺遂的人和有过一定负面经历的人之间，综合广泛性痛苦、功能障碍、生活满意度及创伤后应激症状，心理健康水平最好的，是负面经历数量居中的人。他们的心理健康状况同时高于生活过于坎坷或过于顺遂的人，且后两个群体心理健康水平不相上下。

也许确实存在这么一条银线，标志着适当且有益健康的挫折程度。然而人类的个体发展过程之复杂，影响因素之多，这条线在每个人身上可能都不同。

唯一可以肯定的是，苦难就是苦难，它既不美，也不动人。它可能是失误，是时运不济，是单纯的不幸或巨大的命运，但绝不是一则目的在于付诸新闻、带来瞩目的励志谈资。

曾长期忍受着贫困、四处流离又被恋人抛弃的女作家林芙美子，在《放浪记》里有百分之八十的文字在哀叹自己的穷苦，发泄自己对钱及稳定生活疯狂的渴望。直到真正的安定富足来临时，她的心灵已不堪重负，写下这样的句子："此刻，我又必须努力克服那种毁灭自我的邪念……无数的痛苦，令人不堪入目。"

比起将苦难作为荣誉强行加冕于功利的“成功”，如果一定要挖掘苦难的美，我认为大概就是像林芙美子这样的，在试图以区区人类之身跨越肉体和精神极限的过程中，呐喊出来自人类灵魂的直白的尖叫。

事实上，

“大量复杂坎坷的经历”与“更丰富的内心”之间，

没什么必然的联系。

贩卖狂热

热衷出售自己的人生，或激烈反感任何自我透露的，大概都说不上堂皇。

去年末和今年春季我分别出门进行了两次长途旅行，一次关中一次关西。途中常常用微博和其他方式记录下旅行所见，整理成了名为“人间旅行笔记”的一系列内容。

一日妈妈打电话来，中间谈起一位旅行达人：“你知道微博上那个叫‘行走四十国’的人吗?”接着兴致勃勃介绍起此人行走多国几乎以旅行为生的经历（巧的是一周后我就和“四十国”大叔在谈话节目中相见了），末了试探性地抛出谈话重点：“听说他现在出行基本上不花自己的钱，都有投资了。这样旅行不是蛮好的?”

我几乎没等她落下最后一个尾音就马上抗议：“出去玩并不是为了有一天能够贩卖。”

“我知道，我不是这个意思。”妈妈连忙否认，“我只是觉得如果能有人投资不是更好嘛。”

挂掉电话我反省起了自己的过度敏感，也许她只是出于希望女儿拥有一个更轻松的财务状况，出于一个社会人最直接的投入产出计算，出于……但无论出于什么，“最好能贩卖”已经成为普世公认的价值取向，这毋庸置疑。

美国邪典小说家恰克·帕拉尼克曾写：把你的生活化成可以卖的东西，这就是所谓的美国梦。如今距离他写出《搏击俱乐部》已过去十年，而美国已浸淫市场经济逾百载，人们在其中早已疲乏懒散，就算不写邪典小说的人，恐怕也忍不住想嘲讽这些花样百出无休止的贩卖。此时大洋此岸保守的我们，刚刚涉足这股洪流。如今，贩卖你的一切，不仅是美国梦，也是中国梦，现代商业梦，一个属于世界的商品社会之梦。

最初这是明星的工作，不停地从自己身上挖掘出可贩卖的特质，比如日常热爱美容、贴面膜、护理身体就出本美容书，热爱自拍则将自拍集结一番出书。明星，或者偶像的工作就是最大限度地将自身形象有价值化，这么做算是合乎道理。

人人参与贩卖最早是从社交媒体的兴起开始的，从博客到微博，自从人们有机会完全自主构筑自我形象，并以此吸引网络注意力，如何将自身的一切细节塑造得更吸引人就越来越重要。自媒体当道，宣称每个人都应当是一个品牌以来，这种吸引注意的能力被更加直观地等同于经济收益，贩卖自身成为无可争议的主流价值、人生目标，仿佛最棒的生活就是每一段经历每一分钟的感想都能分类整理，打包出售。不能出售的经历没有意义，不能成为素材的生活毫无价值。

对贩卖自我经历的热衷，其中虽然存在对关注度的渴望，但其核心是对这种展示能够兑现的利益、所象征和能换取来的社会地位与身份层次的渴望。这种渴望和“物质主义”的生活价值观大概有很大关系。

“物质主义”指的是一种以获取物质为中心的文化系统，他们只对金钱和物质有兴趣，而对除此之外的社会目标一概不关心。物质主义者认为财物和获得财物是个人首要目标，他们对财物和获得财物行为的评价高于其他事物和生活活动。在这种思想指导下，任何生活活动和行为的目的都被认为应当是获得利益、可贩卖，用于获得财物，以提升社会地位。这就是物质消费文化。

因此美容、美妆、服饰和购物的个人体验当然是可以拿来贩售的，因为它们的目标是更符合主流观念的美丽外表。所谓“生活方式”是可以拿来贩卖的，这是一种能将自己与低下阶层区分出来的手段，它们在秉持物质主义精神的“人生导师”们心中，指向的都是通往更多财物和更高的社会地位。

但是暴露自己，从中寻找一切财富化和体现地位的可能性，这样的物质主义精神真的如其价值观所认为的那样，会让我们更快乐吗?

一个对于物质主义及其目标的综述性文献指出，持有物质主义价值观的人，更可能处于焦虑依恋模式中，比起物质主义得分低的人，他们更容易体验无限循环的孤独。他们倾向于消费更多商品，当然也承担更多的债务，他们的人际关系质量也更低。虽然我们常说价值观相同的伴侣关系会更稳定，但事实上，伴侣双方都秉持物质主义精神，反而婚姻质量更低。物质主义者不仅是心理健康方面，连身体健康方面的表现也更差。

当然，这并不是说在社交网络上的分享让人不快乐。事实上，有研究证明“秀恩爱”并不会分得快，光浏览社交网络而不发言，反而会因为社会比较而导致更低的心理健康水平。事实上，我认为那些敢于在每个阶段兴冲冲发布自己感想的人，回忆的光华永远属于他们。他们敢于告诉你，人生漫漫，做过几件傻事，说过几句蠢话，没什么大不了的。

而以展示地位、获得利益为目标的贩卖式分享则不同，它背后的物质主义精神所导致的不仅仅是其他生活活动意义的丧失。更让人担忧的是，暴露在物质主义式的生活贩卖下的人们，用标价的目光衡量自己的日常，也许也将逐渐失去对具体而微小的美的体验。而追求物质与更高地位之路永远漫漫，唯有上帝才能高高在上，除此之外没有任何人可能高于所有人，这条路上注定充满无尽的无聊。

热衷出售自己的人生，
或激烈反感任何自我透露的，
大概都说不上堂皇。

害怕争执、羞于发怒

It is better to be violent if there's violence in our hearts than to put on the cloak of non - violence to cover impotence.

Gandhi

如果我们心里有暴力，把暴力发泄出来。这要胜过披上一层非暴力的外衣来掩盖虚弱。

甘地

我经常会收到这样一种网上提问，大概结构如下：先说自己被人侮辱冒犯，比如起了难听绰号、被人出言不逊等，心里非常难过……结尾话锋一转，问我面对冒犯，自己该如何调节心态。这样的问题实在是让人摸不着头脑：为什么首先是自我调节？被人冒犯、侮辱，错的不是自己，为何不去跟冒犯他人的人说出自己的愤怒？

但就是有许多这样的提问，像一个个被苛刻的训条训坏了的缩手缩脑的小学生。这样的胆怯到底是哪里来的？我十分奇怪，但还是回答了几次。

一天参加一个定期组织的成长小组，大家纷纷谈起自己的不善争执。F 回忆最早发现自己无法面对愤怒时是中学时率领同学抗议，结果未出声自己先哭了。她现在已经是带着百来人团队的中层领导，却为此羞耻至今。另一个女组友直言不讳："我就是不敢生气，不敢和人吵架。"

我忽然意识到，这才是那么多缩头缩脑的被冒犯者们困惑的根源：他们不敢吵架，不敢直面自己的愤怒。更确切地说，他们不敢直面愤怒之下的复杂情绪。他们回避了愤怒，却无法回避引起愤怒的情绪波动，于是诉求转而变成自我调节。

为什么我们会不敢吵架不擅长发怒？

这需要先从愤怒这个情绪本身说起。愤怒虽然是人类的几种原始情绪之一，但实际上却是一种比其他原始情绪（快乐、恐惧、悲伤等）更复杂的情绪。愤怒之下通常存在至少一种其他情绪：可能是羞耻、害怕，或痛苦、无助，甚至以上皆有。唯一可以肯定的就是，哪一种都不会让人觉得舒服。因此，为了避免面对这种不适，我们在这些情绪上盖以“愤怒”，用一种指向外的情绪让自己感受到一丝可控感。恼羞成怒，就是这样的一种愤怒。这也是女组友F和许多人都经历过的未怒先哭的原因。这些愤怒的泪水之下，如果你透过它们自己细看，真正的情绪并不是愤怒，而是委屈、伤心、羞愧等其他一些东西。

然而愤怒对我们来说也不是一个安全的情绪。在我们的常识中，愤怒通常和各种具有攻击性的表现相关，轻则漠视、冷暴力，重则口出恶言，甚至暴力相向。再加上不分青红皂白、流传甚广的名言："愤怒是无能的表现"。这么一来，一方面，平常血气方刚的人格外无地自容，纷纷主动承认自己的愚蠢；另一方面，原本就不善面对负面情绪的人就成为那批被训怕了的小孩子，来讷讷地询问生气时该如何调节自己的情绪。

对愤怒的羞耻是从什么时候开始的呢？回想汉语中和怒有关的词语，并不像今天这样充满负面评价，反而令人惊讶地有许多正面意义。如雷霆之怒、冲冠一怒，再不然十分中性的词里有怒目而视、勃然大怒，它们也暗含对勃发的突破性力量的叹讶。而仔细一搜发现，同“愤怒是无能的表现”同一阵营的大多数是来自西方的愤怒名言。它们不约而同地表达着“愤怒会坏事”“愤怒是一种需要医治的病”这样的意思。

一项美日合作的研究确定了对于愤怒态度的中西文化差异：愤怒在西方被认为是地位低下者的行为，而在东亚文化中，却被更多地与高社会地位相连。在东亚文化中存在一种“愤怒特权”，愤怒是社会上层群体的特权，与美国相反，大量低阶层群体则不被允许表达愤怒。

这种文化差异使愤怒在两种文化背景下发展出完全不同的图景：在西方文化背景下，愤怒被贬低的同时，愤怒管理的疗法俯仰皆是；而在东亚文化下，愤怒特权问题尚未解决，人们怀揣着被压抑的愤怒，又被无差别涌入的西方思想影响，在被冒犯时人们会硬生生地压下自己大声抗议的冲动，生怕显得自己无能了。

实际上，以大部分人表达愤怒的程度和能力的不足，根本没到要为愤怒感到羞耻的地步。

在临床遇见因遭遇应激事件而产生行为情绪问题的来访者时，咨询者必然会问的是："事件发生后你有没有宣泄过，表达过自己的情绪？受到不公对待，有没有清晰诉说过自己的不满、屈辱？"

人们总是没有。

在有关愤怒的认识里，认为愤怒必然与冷暴力和言语行为暴力相连，是最应该摒弃的误解。

表达愤怒和诉诸任何形式的暴力，是完全两回事。

愤怒其本身是十分具有进化积极意义的情绪。是愤怒让我们意识到自身受威胁，让我们奋起保护自己的边界，以及重要的家人朋友。充分的愤怒表达是十分必要的。仔细看反对愤怒的警句们，大多也不过在告诫人们警惕愤怒带来的理智失控，劝诫人们避免情绪狂暴伤害到自己。

时常暴怒无法自控的人自然需要情绪管理。但事实是，会去听高僧箴言，诵经念佛，拿"要淡定"约束自己的，反而多数是原本就不会发怒、不知如何正常宣泄情绪的人。他们大多本来不善吵架，害怕和人争执，又有些不幸被无聊的流行心灵鸡汤所绑架，羞于发怒。根本上来说，他们就是不知道该怎么表达自己的好恶，越不说，越害怕，才拼命说服自己回避冲突才是更卓越的做法。

和其他许多肤浅而毫无意义的鸡汤一样，东亚文化对愤怒的粗暴羞耻更大的可能性是造就一个贬低发怒宣泄的伪心灵健康观。愤怒羞耻像是把粗糙生锈的残刃，以人类对自身亘古的羞耻为支点，阉割掉弱者的情绪，却根本不提一个我们幼儿园时就该被明示的道理：当被伤害时，首先你有权要求别人道歉。

当被伤害，

首先你有权要求别人道歉。

衰老幻觉

所谓幻觉，一种每个人都认为别人身处其中的状况。

前段时间和一个编辑朋友谈起世界卫生组织根据全球人类的健康水平和平均寿命，将青年的上限调整到44岁。这件事曾一度在中国掀起短暂的热议，将28岁默认为人生迈入暮年的人们纷纷表示惊诧，已经超过30岁并被28岁就迈入暮年的观念压得死气沉沉的人们则感到一种被青天大老爷平反的痛快，短暂性精神百倍，大呼自己可以再战五百年，但这股热情大多随着当天下班就消失了。

编辑对这股热烈的风潮也感到莫名其妙，并隐隐觉得东西方对年轻与否的界定差异大概很大，常看美剧的人也会意识到，剧中二十七八岁或三十来岁的职场人常常被认为是年轻有为的新力量。他遂问起我英国人如何看待年龄，他们到底觉得多少岁算年轻呢?

我没有和身边的英国人讨论过这个问题，他们中让我觉得值得一起讨论这个问题的人，大多让我感到忙得没空回答，或令我感到不好意思提问。

读硕士课程时，同一届年纪最大的同学是戴比（Debbie），当时她48岁，此前当了20年工程师，之后决定要从事临床心理工作，遂开始逐步参加认知行为治疗师课程等培训，报考心理学硕士课程，并为之后申请临床心理博士学位做准备。那时她常一起出入的是几个上一年本科毕业的男女孩子，他们同吃午饭同来上课，和一般闺蜜无二。她在其中看不出来特别逢迎，亦从没人觉得违和、不恰当，或想要孤立她。课程完成得也相当不错，论文分数都很高，最难的统计考试拿的是优秀档的分数。

博士一年级时和同事出去喝酒社交，认识了一名文学系的博士生安德鲁（Andrew），1957 年出生，比我妈妈还大一岁。他当时正在读六年在职博士的最后一年，同时在镇图书馆工作。我们相约一起喝咖啡，他讲起自己当初读博，是因为感到工作了几十年的图书馆工作日渐无聊，被研究生活吸引；然而临近博士尾声，又感到研究开始不如图书馆工作有趣起来："为了吸引人们更多地利用图书馆，我们做了很多企划，工作变得有挑战性了。"

举这些高龄的例子似乎有些太可望不可即，那么说一个年龄和我们比较相近的人。在伦敦工作多年的朋友，曾经有过一个室友，我因为投宿朋友处，曾和她短暂相处，是个非常有魅力的女孩子，健美高挑的亚裔澳洲人，29 岁，名叫苏。她当时在英国以各种短期工作度日，似乎是旅行打工致词。我们在厨房相遇时，短暂地聊起过自己。说到为何选择现在的生活时，她轻松但真诚地回答我："因为还不知道自己想干什么，又不想被工作束缚住，就暂时这样过着，探索一下自己。"新年时，和同屋另一个年近 40 岁的程序员姐姐一起，穿上紧身裙化妆打扮去参加假面舞会。

我身边的朋友，回溯起来，他们在高中毕业之后对待自己人生时间的态度已经相当悠哉。许多人会在高中毕业之后选择间隔年一到两年，于是同是大学二年级，有人 19 岁有人 22 岁，大家一同醉倒在酒吧。一个硕士同学的 facebook 资料显示她 1996 年高中毕业，2011 年才本科毕业，再隔一年，带着一个一岁男孩，和我同班念学位。这样的人生，光是从年份事件上看，就充满故事。像她这样的妈妈学生非常普遍，有时去朋友家玩，就随便认识一个历史系大一妈妈，25 岁，带着四五岁的小女儿。超龄学生在我们的大学里普遍到一起成立了一个熟年俱乐部。

同中国一样，六七十年代时人们不大有一定要上大学的意识，许多人特别是女性，中学毕业后就找了一份收入普通的工作，结婚生子，忙于生活。几十年后随着产业结构变化，低学历工作的满意度开始下降，或者他们慢慢找到了新的人生目标，于是在政府的助学贷款等政策鼓励下开始重入大学。

在和国内的朋友聊天或看朋友圈时，我就有些疑惑：25 岁开始说自己体力大不如前，哀叹皮肤状况也开始老化，不能熬夜；30 岁则继续感慨记忆力不行了体力不行了学不进东西了。工作后进学的年龄被限制在 25 岁以下，不少职场指南指出要再进修，必须 30 岁之前走出学校回到职场，仿佛一切以此为界，之后就应该认命地退入一个死气沉沉的笼子，成为无聊生活的样本，年轻人用来指摘埋怨的蜡像。

人的能力到底什么时候开始达到顶峰并逐渐下降？哈佛大学一项心理学研究收集了近五万名被试的在线 IQ 和记忆力测试，结果表明：大部分和工作记忆（即短时记忆）相关的记忆能力确实在 20 岁早期甚至十几岁时就达到顶峰；但词汇量、理解能力、常识、数学能力和分类总结能力等十分重要的认知能力，普遍在 40 甚至 50 岁才达到顶峰。而理解他人的共情能力成熟得更晚，在 20 岁早期才开始逐渐达到一般成人水平，且维持稳定的时间也很长，直到六七十岁才会开始下降。

至于体能的衰落，即使是对体力要求很高的专业运动员，也常有坚持到 30 岁退役的，普通人在 20 来岁感到体力下降，与其埋怨自然老化，不如想想自己是否有坚持锻炼。今年将满 60 岁并即将博士毕业的安德鲁（Andrew）先生，两年前开始从朋友那里获得了一辆山地自行车后，就开始玩上了骑行。系里年纪最大的教授也常常一身防雨夜骑装备推着自行车下班，第二老的那位则常常中午换上球服、球鞋，赶去参加一场足球比赛。

这种对年龄具体数字的不重视，在澳洲的杰出青年资助基金上表现得更纯粹了。这个科研基金虽然冠名青年，但实际不设具体年龄限制，而是要求申请人在获得博士学位后 5～15 年之间有杰出成就。即使申请人 60 岁，如果 55 岁获得博士学位，其后成就突出，也能申请，而若申请人 45 岁，但获得博士学位是 24 岁，也不在申请人范围。实际上，规则将“青年”定义为有激情、有能力做出成就的一个精神群体，而非年纪小。

近年，我国主流舆论呈现出放松年龄歧视线的趋势，35 岁结婚生子也在大众讨论范围了，还出现过“无龄感”这样试图摆脱年龄束缚的概念，人们似乎在渐渐试着放松。我当然也能明白坚持对年龄恐惧的人，他们的压力大概多来自于当下社会环境的竞争激烈、不敢在任何一个阶段慢人一步的压迫感，以及一时间尚难以摆脱的传统思维影响。尽管他们会被坚持无龄观念的人视作思想落后、食古不化，但在他们眼中，那些坚持无龄生活的人也是在强词夺理、虚张声势吧。

一位前辈咨询师曾对我说，年龄就是幻觉。认为年龄并不太重要的我，和坚持按照年轮生活的人，大概互看都觉得对方才处在幻觉中。

勇敢成为最好的自己是年轻的精神特质。

理智与情感与怪兽网络

不知为何，在号称自由的网络上，你却变得一句话也不敢说。

来谈些细小得可能无聊，却膨大而真实的困扰吧。

不久前收到来信诉说微博的烦恼。写信人由于和爱好不同的三次元同学互加了关注，感到无法再在微博上坦然表露热爱二次元的自己。他非常犹豫，到底是开另一个小号，还是向同学“坦白”这样的自己。

这种烦恼说出来似乎不值一提。依照性格的不同，许多人会说那还不简单，再注册一个就好了。但其实，这个微小的烦恼比想象纵深得多。

类似的烦恼早有苗头，比如，曾经沸沸扬扬，现在大概早已被遗忘的QQ圈子强制公开隐私问题，它能挖掘出你的一切人际关系并进行展现，你过去的恋人，想联系的人，忘记的人……你甚至可以知道朋友不愿公开的恋人。许多不想再面对，或不必暴露的交往关系都一览无余地展示出来以供查询。即使选择不使用，使用率也是百分之一百。

当然无需吃惊网络技术能够做到这一步。我们对于网络最恐怖的想象，其实从来都不是虚构的：你在网络上留下的痕迹，确实足以让任何有心的陌生人在某一天摸到你家门口。但比起这种虽然需要警惕但概率不算高的事件，更贴身的烦恼，是你原本在线下生活中的社交边界，被网络不由分说地切割得支离破碎。

理查德·哈珀（Richard H. R. Harper）《质地：沟通超载时代的人类表达》（Texture：Human Experssion in the Age of Gommuncations Over load）这本研究网络沟通的书中曾质疑我们为什么需要那么多工具来和别人分享自己，是否过度沟通，而结论是，“有些人就是喜欢听到自己的声音”。

是的，被各种社交网站和 APP 饲养长大的我们，也许已经被改变了基因，变得对沟通和咨询的需求远远大于同一物种的我们长辈，变得就是不能抵御欣赏镜中的自己。但问题是，过去这些展示和欣赏都是有界限的。你的博客可以选择向父母保密，你的贴吧账号也不必让老师知道。

而突然一天，出现了这么一些工具，它野心勃勃地招揽所有人，不分兴趣与职业身份，然后一夜之间，人们的睡梦里，角色与角色之间脆弱而安全的墙被轰然推到。

比如早晨你在微博上向同学抱怨家里妈妈蛮横又专治，下午就收到老师的评论“怎么能这么说自己妈妈?!”类似尴尬的烦恼，让开头的那位朋友最终觉得不知还能在微博说什么好。

我们需要社交边界，它是一种约定俗成的社交规则。

几乎每个人都会依照关系亲密程度，将周围的人划分在以自身为圆心的不同个人边界层中。与不同的人用不同的方式说话、互动，是维护我们不同社交角色，保证社交有序的安全墙。不仅如此，它还包括不同社会文化背景下，人们对社交规则的共同约定。比如美国社会规则普遍认为当着别人的面打嗝不礼貌，因此当众打嗝与否则成为是否粗鲁的标准之一。这诸多约定俗成令我们能轻易识别出对方的特征和所属群体，也节省下我们的时间，不用对社交行为中每一步如何进行及为什么要这么进行花费时间思考。

然而如今，在社交网络上，这些边界都被有意无意地强行拆除了。而接受着社交网络的注视来填补寂寞的我们，对自己身上意外触发的、规模庞大的行为失调症候群，却一无所知。于是毫不自知地，只会对个人社交圈里接近圆心的人说的话、发的照片，平铺在所有人包括社交圈最外层的陌生人面前。数据显示45%的人和自己的父母互相是Facebook好友，而43%的人说和自己的孩子是Facebook好友。至于微信和父母的好友、互相关注率，大概几乎是100%。在这一类重要但扁平式的社交平台上，几乎全世界人都面临着向父母展示作为成年人社交圈中的自己，或在朋友面前展现在家庭亲密环境中的自己这样的尴尬。

这还不算，当这个时代发展到招聘公司要求看应聘者社交账号也不稀奇的程度，当你微信加了老板之后，你在微信朋友圈中连上下班的分界也在逐渐消失。

当然，来不及跟上人们隐私需求的互联网，急急忙忙开发了权限设置、分组显示。但实际上的利用率却远远达不到日常社交的便利和有效程度。微信、微博不断进行改版，增加分组定向发布功能，分类关注人群，用不同权限对应我们不同的自我暴露要求，这些使页面功能变得日渐琳琅而拥挤。但实际利用状况如何呢?

2005年美国麻省理工学院进行了一项研究，研究人员访问了413名本科学生，其中38%的学生虽然知道社交网站有权限设置但基本没用过，同时58%的人承认他们几乎没怎么考虑过自己在Facebook上的隐私权问题。9年后，研究成人学习的普莱斯利·兰金（Pressley Rankin IV）在自己教授社交媒体和管理的班上做了一个小型调查，结果发现：只有20%

的人设立了繁多且严格的隐私设置及分组；60% 的人几乎没有设置任何隐私权限和分组；而剩下 20%，他们保护自己的隐私和社交边界的方式，是彻底弃用社交媒体。

同时，边界的丧失，也让网络交流负担变重。匿名性和开放性让日常人际交往中的规则和屏障不复存在，陌生人可能突然出现在你的微博下口出恶言，不是很熟的朋友也可能通过微信这种定义模糊的社交方式轻易看到你对公司领导的吐槽，你一年前带孩子郊游的照片……曾经四海之内触手可及的便利已被各种网络骂战或隐性不愉快的阴影所笼罩。

而目前，对于这一篇破碎和混乱的网络人际关系荒野，依然没有有效的方式进行规划。较为成熟的国外互联网致力于指导人们自己在社交网络上设立规则：如果你想在 facebook 加孩子的朋友，最好三思而后行。而我们一边在思考自己是否应该重新定义隐私的范围，一边为如何回复陌生人十分不客气的留言而气结。与此同时，尚远远跟不上人们社交需求的社交媒体，为了弥补这样那样的隐私漏洞而东拼西凑，变得臃肿怪异，亡羊补牢。不知道这场拉锯战中，是人心先变成一个生活在模糊边界中的虚无怪物，还是社交网络先变成一只大而无当的累赘怪兽，又或者我们互相喂养，进化成新的物种？

“与不同的人用不同的方式说话”是维护我们角色的安全墙，

而今它被过分热情的网络公司们强行拆除。

镜中自我成瘾(Looking-glassaholism)

无论我怎么做都不能令自己满意。无论别人怎么做,也都不能令我满意。

说两个当下随处都在发生的故事。

一个是以至少每周一次的频率发生在公共媒体上的明星事件。

男艺人A结婚或公布恋情了，无论男艺人的绯闻前女艺人B是否公开表示祝福，她的微博下面必定蜂拥而至一大波哀声戚戚的留言，替她心酸、惋惜、痛感爱不逢时的，总之一派诸如此类替人强出头的气氛。如果女艺人大方表达祝福了，那情绪更加要被推至顶峰，强行陪她一道以泪洗面。

第二个是几年前与朋友茶话夜谈时听来的私人故事，但却也不完全是个例。

朋友的女友自述那时状态奇差，生活提不起劲，并且把一切原因都归咎于自己“找不到一个合适的男友”。介绍男士给她，她倒也积极会面，可惜对谈得来的对象呢，她诟病身高外貌，各处合她心意的男生，她却用力过猛又吓跑人家。朋友们陪她聊天宽慰她，她一时感慨灵魂伴侣难寻，一时又斩钉截铁说自己的愿望就是突然得到一大笔钱，好任意饲养些年轻漂亮的男孩子。大家都被她弄得一头雾水：那你到底想要怎么样?

这两件事都非常典型，各自牵涉一片相关的庞大议题，看起来似乎风马牛不相及，但实际并非如此——前一个故事中的现象，正是后一个故事主角的病因。

美国社会学家查尔斯·霍顿、库利（Charles Horton Cooley）提出过“镜中我”理论，描述一个人自我形成的过程。这个理论认为，人的自我是人不断与社会中的他人互动的产物，每一个他人都被个体作为自己的一面镜子，通过首先“想象我在他人心目中的形象”，接着辨认“他人对这个形象可能产生的看法”，最后反馈给自己，修正对自己的判断或言行。也就是说，我们对自我的感受，是从自己所理解的他人的看法中产生的。你成长到今天，一切对自己的感知，都是你模拟“上帝视角”观看他人眼中的自己得出的结论。

尽管这个理论被批评缺乏对反思的讨论，但它能很好地帮助我们理解，我们的自我在多大程度上受到来自他人的影响，而当他人作为群体出现了，这种影响则可能让我们显示出跟另一个群体截然不同的自我感受。

举个例子，生活在北上广写字楼的白领工作忙碌，每天午饭时间也都在谈工作，人人一杯外带咖啡奔驰在路上；而同时意大利人则可能很少在餐桌上谈论工作，生活节奏慢，喝咖啡对他们来说理所当然是去咖啡馆点一杯坐上一会儿慢慢喝。这种差异，常常被我们简单归结为“我们勤奋，意大利人懒”。但实际上，很可能只是两地人对事物价值的比重观念不同。对意大利人来说，与他人的社交和情感联系十分重要，用餐和喝咖啡时间是重要的社交时间，他们愿意花费时间在其上与他人谈天交流、建立联系。因此生活在那里的人会更愿意花费时间在和他人闲适地用餐、喝杯东西上，这样的自我形象有利于适应当地的社群氛围。反之，对生活在一线城市 CBD 的人，时间就是金钱，一个更愿意压缩一切时间用于工作的自我，则更让自己感到满意。

以此类推，你对自己是否善良、成功、令人满意的标准来自哪里呢？

它们大多不正是你从周围他人那里习得的关于善良、成功、令人满意快乐的概念吗？若换一个判断标准完全不同的文化环境，你能保证你的自我感觉不会改变吗？

这大概会让人感到无所适从吧，“这意思是我们根本没有真正属于自己的自我感觉吗？”

完全自由的自我意识在多大程度上存在可是说来话长。但在目前这个问题上，可以反过来这样想：熟悉所处文化中人们的看法，则十分有利于在他人眼中塑造自己的形象。或者更直接一点可以这么说：知道周围文化的主流价值观，则能让我们更容易地找到自己该做的事。

“我到底想要什么呢？”这是一个几乎所有人都想要知道答案，但大部分人对如何获得答案感到困扰的问题。通往答案的路可能十分漫长，很少人能在生命早期获得答案。而这个在漫长的摸索过程中，那些率先放弃的人通常自觉或不自觉地选择了这种方法：只要知道别人希望看到一个什么样的我就好了。

第二个故事中那位烦恼十分模糊的女生，她在条件上中意的那位男生：外籍、好外貌好修养，谈吐得当，虽然无法进行精神交流，但可用来描述的条件，怎么看都是最适合向他人展示的好对象。相形之下，能交流精神的对象则完全“拿不出手”。她进而引申到对伴侣要求的思考，如果只要外貌，无疑容易令他人感觉自己浅薄，为了避免这种来自他人的负面评价，她不愿承认这是自己的需求，于是又强调她的自我是需求灵魂伴侣的，只是难以寻找……她始终摘不下黏在自己身上的“他人之目”，浸淫在他人和自我需求的混乱之中，而朋友自然也始终弄不清她到底要什么。

而又是什么让她对达成完美镜中之我那样上瘾呢？正是第一个故事中的看客们：无视当事人的真实想法，将自己对关系的期待，对失恋的幻想，对前任现任爱恨情仇的刻板印象一股脑投射到当事人身上。前任结婚，当事人不祝福一定被说气量小心怀不甘，祝福了也依然要被说心酸（要不要干脆立法禁止全世界前任结婚?），这些难以伺候的看客们，就是活生生实体化、无处不在、没完没了的“他人之目”。

这并不是说，人需要彻底撇开“他人之目”。镜中之我这个并不完美的概念提出，并非为了批评人们对他人意见的在意，而是解释了人如何互相“帮助”确认彼此对自己的感受，以及如何协调令不同的人能够顺利相处。它也并非是解释自我意识形成的唯一理论。我们对自身的感受是如何形成的，自不同层面和角度，有一套更加复杂多层次的系统。

退一步说，即使我们一生也许无法分辨真正想要什么，也算不上失败，能拒绝那些令我们不舒服的“他人之目”——好比感到自己强大、豁达、有力量，并不在意他人对自己是否祝福前任的任何揣测，也不介意看客多余的“共情”，已经算有勇气。

无论我怎么做都不能令自己满意。

无论别人怎么做，

也都不能令我满意。

这真的是个看脸的世界吗？

人们既期待如此，又不期待如此。

整容术发明至今，经历了从单纯的医疗需求，到明星的职业需求，以及现在逐渐向普通人群扩散的过程。越来越多的普通人选择整容来处理对自己外貌的不满。近年来进行整容术使用者的年龄似乎也越来越低。暑假整容医院的学生预约人数不断增加，大量青少年在高考后入读大学前的暑假进行整容。除去部分艺术学生也许确实面临更多的外貌压力，许多入读普通大学的学生也选择整容，认为美貌能在学业成就之外给予他们更多额外的帮助，想要锦上添花。同时也有许多面临毕业的大学生选择整容来提升自己在就业市场上的竞争力。看起来颜值的竞争力似乎越来越受到人们的追捧。

此时不免有一些来自专家和媒体的声音，试图提醒这些年轻人谨慎整容，相信内在美的重要性。那么问题来了，这个世界到底是不是看脸的?我们还可以相信内在美的作用吗?

首先让我们来听些坏消息：大量心理学实验似乎确实支持“颜值高的人更容易成功”这一观点。

人们发现好看的人似乎更容易得到帮助，更快获得职位和更高的薪水，也更容易获得好的评价。对于好看的人为什么更容易得到帮助，进化心理学试图将之解释为因为人们会视美人为潜在的性对象，于是想要与他们有更多互动，让他们更喜欢自己，以提高自己与他们性交的可能性。究其背后，当然是永恒的对更优秀遗传基因的竞争。

另有调查发现人们倾向于认为高颜值的人比颜值普通的人更有天分、

更和善真诚也更聪明。美国哥伦比亚大学一项研究发现，人们也倾向高估美人的能力。放在职场应聘的情境下，一个应聘者如果执行能力不错，且长得很美，人们很可能就会把“执行能力不错”判断为“执行能力很强”。人们这样判断实际上也有一定合理性。因为外貌和人格特征同样受到荷尔蒙因素的影响，比如睾丸酮水平比较高的人，脸部更宽颧骨更高，而这种激素同样影响人们的攻击性、冲动等特征。这大概是人类看脸的一个生物学基础。而伦敦政治经济大学一项研究则让人觉得人生更加艰难了：他们发现好看的人连智商也比较高。美男子的智商平均比路人高13．6，而美女的智商平均比路人高11．4，并且不受出身和健康状况等条件影响。

这样看来，颜值在人类社会中似乎确实很重要。近年随着技术，特别是社交网络的不断发展，人们有了更多的暴露自己外貌的机会和需求，第一印象变得越来越重要，这种对高颜值的渴望越来越坦率，整容人数的增加和人群日益年轻化就变得可以理解了。

然而结论真的如此简单粗暴，颜值决定一切吗？内在美真的没有任何谈论的价值吗？

未必，这是因为：（1）“可能得到更多帮助”不等于“成功”。

美国一项长达数十年的跟踪研究记录了一群青少年从大学到老年时期

的家庭背景、身心健康状况、亲密关系、子女关系、收入状况等。结果发现，成功快乐的人生和地位、金钱都没有关系，而只跟是否“曾爱与被爱”有关。年轻时有过健康的亲密关系，老年时和伴侣孩子及朋友关系密切的人，生活状况和身心健康状况都要更好。也就是说，决定你人生是否幸福的，不是在这个时刻是否凭美貌获得了一份工作、一个来自某人更高的评价。

（2）影响人们判断的除去“首因效应”，还有“近因效应”。

所谓的第一印象要好，实际上就是利用人际交往的“首因效应”。人际交往中人们传达出的信息次序会影响他人的判断，首先输入的信息会对人们的判断产生显著影响。但同时还有一个近因效应：交往中最新输入的信息会覆盖人们之前的看法，也就是说人们会很容易忘记对你之前的印象，以你最新透露的信息来判断。这两种效应都是存在的。人类的这种认知设定决定：除去第一次的刷脸机会，你还有无数次机会改变他人对你的印象。颜值不是永恒的唯一标准，内在美并不是没有用的。

（3）实际上，人际吸引力起作用的机制不单单是颜值。

其实上面所有关于颜值的研究，使用的都不仅仅是“脸美”这个单一的标准，而是“有吸引力”这样更综合的标志。人们在判断一个人是否有吸引力时，并不是只认好看的脸。比如有研究发现，人们普遍认为团队中脸的宽高比比较大的人更加可靠。也就是说锥子脸大概很难通过第一印象得到“可靠”的评价。另一个有趣的研究则发现CEO的长相确实能预测公司业绩，然而并非长得好看的CEO公司业绩越好，而是长相越能传达出权威感的CEO和公司业绩有正相关。

总之，看来人类社会这个复杂的系统并非是单纯看脸的。而也正因为其复杂多样，给了人们更多方式去努力，才有那么多精彩的故事吧。

人类社会这个复杂的系统并非是单纯看脸的。

而也正因为其复杂多样，

给了人们更多方式去努力，

才有了那么多精彩的故事。

性别差异真的存在吗?

存在，也不存在。

去年的某一天我在 youtube 无意发现这样一个视频。

里面找来了一些女孩子，问她们，在你们的成长过程中，有没有觉得受到限制。

有啊，她们说。比如当个姑娘要快乐可爱；比如女孩子不要做太具挑战性的东西，除非做得够好，否则最好放弃；比如不能去救别人，只能被拯救……接着导演给她们一些纸箱，让她们在上面写下这些年她们被灌输的对女孩子的刻板定义：不够勇敢，不坚强，情绪化等。然后问她们，你们看着它们想怎么办。

“我想把它踢飞。”一个姑娘说。

“那就踢吧。”导演说。

“真的吗?”她犹豫了一下。

“真的。”

于是姑娘们开始战魂附体，集体动武。有侧踢的，有助跑飞踢，还有用锤子抡的。写满各种刻板印象和荒唐告诫的纸箱被她们七零八落地揍了一地。

大概当时在排卵期，看得我居然也有些热泪盈眶。

最初我以为这大概是哪个平权组织的公益广告，结尾 logo 出现，原来是宝洁旗下名为 always 的一个卫生巾广告（实际上就是国内的“护舒宝”）。

这个广告其实是个系列，去年第一辑的叫“像个女孩一样（Like a

girl)"，主题是女孩的污名化，表达了"要支持女孩的自信心"，在 youtube 获得上千万点击，还获得戛纳创意节金奖；而今年，广告主题为"不可阻挡（Unstoppable）"。一个与传统女性刻板印象完全相悖的、更加强有力的主题。

由卫生巾品牌来倡导平权是一个很有意思的视角，因为卫生巾代表着一个无法避开的男女生理差异——女性有生理期，生理期期间伴随流血这样明显削弱体力的现象。而许多研究也表明女性在生理周期内会有一系列生理心理波动（但大姨妈期间并不会变笨，这是我科普了多次的一件事）。

这则广告也让我想起了上世纪 90 年代初最早的安尔乐卫生巾广告。当时广告的主题是"卫生巾帮女性在各自的岗位上更好地发挥自己"，广告中是一群奔跑的小护士，广告歌快乐地唱着"我是谁，我要做什么，决定在我"，而如今绝大多数卫生巾广告中女主角没有任何职业身份，只是个成天担心自己侧漏的脆弱小公主。一个应对生理差异的文明产物广告中，女性的社会人角色逐渐消失，只留下一个性别形象，卫生巾的功能从帮助更好地做自己，弱化为遮掩羞耻的工具。这并不是说连卫生巾都应该张开护翼担起平权大旗，但这看起来确实像一场遗憾的倒退。

回到卫生巾所代表的生理差异上来，这是平权运动中一个纠缠不休，最容易被截取的"弱点"，男权常用语之一就是生理结构都不同，怎么可能平等。而男女在思维方式、擅长事物等方面的差异似乎更是很难回避的思维定势。讨论平权话题时，也常有女生表示男女在工作上擅长的方面确实不同。

那么，男女真的天生有很大差异吗？

对这个问题，纯天然女权主义者、曾经毫不犹豫地回答“没有”的我，也是犹豫过的。

最动摇的时候是在剑道道场上。练剑道近两年，因为个头小，又常和男生对阵，挤撞时完全缺乏优势这一问题，还可以用提升技术来解决。但缺乏攻击性让我意识到，确实有一些可能来源于生理性别的因素阻碍着我。男孩子们在练习时，常常能互相激发攻击性，肾上腺素无限飙升，越打越起劲。而我却好几次在对手比较凶猛的连续攻击下情绪失控，恐慌发作泪洒道场，一度不想去练习。学习性别研究的剑友安（Anne）也和我讨论过，女运动员的自信心问题似乎是个影响她们发挥的重要因素。女性的生理差异似乎确实造成了一些弱点。

但这是否证明性别差异一定会造成能力、思维方式等差异呢？

生理差异是否等于不平等是合理的？

能力、思维方式等方面的性别差异，有，也没有。

研究确实发现，初生女婴比较偏好人脸等高社交情感倾向的信息，而男婴偏好结构化信息。这似乎确实说明了男女大脑有某些天生的差异。这种偏好差异也多被想当然地引申为男生擅长逻辑思考女性擅长社交，男性擅长理工科女性擅长文科。但这种解读是错误的。

首先，对结构化信息的偏好不等于更适合学习理工科，也跟在理工领域表现好没有直接联系。理工能力并不单纯等于逻辑分析能力，许多著名科学家包括爱因斯坦都强调了想象力等感性能力的重要性。更重要的是，全球范围内的调查都发现：女生在几乎所有教育阶段（从小学到研究生）成绩都普遍比男生好，这种优势不仅体现在传统的文科项目上，在理科项目上男生的优势也并不明显。

其次，这也不支持女性天生更擅长社交。其他研究发现，在婴幼儿时期互动能力、社交能力、情感体会能力和情商上，男女没有显示出差异。也就是说在生命的初始阶段，男女是没有明显的感情和理性能力差异的。这一结论非常重要，因为这说明，长大后显示出来的差异，很可能是后天塑造的结果。

来自剑桥大学以研究自闭症的性别差异及所谓“男女大脑”而著称的西蒙·拜伦·科恩（Simon Baron - Cohen）在他的最新研究中发现：对信息偏好的差异并非源于性别，而是源于荷尔蒙。他发现和出生后对结构化信息的偏好正相关的是产前羊水中的睾丸酮水平，而不是生理性别。出生前有较高睾丸酮水平的婴儿，就会更偏好结构化信息。而表现出性别差异的原因很可能是，睾丸酮是典型的雄性激素，男性确实普遍比女性略高。

但荷尔蒙差异并不绝对对应性别差异。

我们多少会发现现实生活中很少有标准的男性和女性范本，细腻/粗放、情绪化/理性、活泼/文静，这些特征在两性中是混杂分布的。很少存在一个典型的男性和一个典型的女性。原因之一就是荷尔蒙水平的差异。

睾丸酮水平高与冲动、热爱冒险等一贯认为比较“男性化”行为偏好相关，但这类特征也常会出现在女生身上，令她们自称”女汉子“。而男性亦能分泌催产素，或天生催产素水平较高，成为暖男 or 姬直男。荷尔蒙多样性更加极端的例子就是性别不安症（原名性同一障碍），觉得自己生理性别和心理认同不一样，住在另一个性别的身体里。或者是双性人，有两套性器官。

在性别层面，粗暴地用二元论讨论个体差异，在研究界已经逐渐不再主流。受后天塑造影响很大的性别差异可能因跨文化比较而消失，也会随着社会化性别刻板印象的减弱而磨平。比如早期的共情研究都认为男女共情能力是有差异的，女性比男性更擅长共情，然而近年研究却纷纷报告男女共情能力没有差异。

这就是”有，也没有“的意思：生理特征确实男女有别，但要说生理性别决定个性、能力、思维方式，未免太看得起生理性别，或太看不起其他因素了。个体经历、受教育水平……许多因素都可以造成比性别更大的差异。

那该怎么看因体能等生理差异带来的已存在劣势呢?

让人们感到弱势的主要原因之一是信心的缺乏。

虽然我们都知道，性别差异更多是后天塑造的结果。但一个姑娘如果从小就被说："你逻辑不行、体能也不如男生，再能干，嫁不好也没有用……"长此以往，她对自我价值的犹豫和对自身的不自信是不可忽视的。

对于学术界男女平等现状的一项研究表明，在同等能力背景下，女性应聘者多在面试环节中落马。也就是说，即使拥有同等能力，女性却并不如男性表现得有自信。原因可能就是广告中一个小女孩说的那样："女孩子会被告知，如果做得不够好，就不要做。这导致的结果是，女性被逐渐塑造得不够有决断力、视角不够宏大"。而这可能只是因为女性从来缺乏鼓励，自信心不足罢了。

不是女性不适合规则，而是女性从未参与制定规则。

现代化逐渐将大部分体现体力差异的地方弱化了，但少部分如竞技运动，睾丸酮水平的差异和社会压抑导致的自信心不足的问题依然困扰着女性。它们让姑娘们怀疑，自己是不是不适合。但我们常常忘记了一个视角：不是女性不适合它们，而是它们一直以来被男性定义，还没有在女性的修订下升级。

就好比，至今为止，人类大部分科学家学者思想家确实都是男性，但要得出"男性比女性聪明"的结论，未免视野狭隘目光短浅了。女性获得平等教育权也才是近一百年的事。在此之前，要大字都不识的女性如何成为科学家？

以此类推，目前看起来暂时不适合女性的事，未必是不可改变的劣势，很可能只是历史上女性角色缺席而造成的规则落后。

我在剑道中对强劲猛攻的打法不适应，不是因为剑道不适合我，而是因为它过去大多是男性参与，而被男性，尤其是年轻男性单一地定义成了“强攻击性”的运动。我十分尊敬的剑友前辈矢追秀樹，在我哭诉自己无法适应高攻击性的凶猛打法时，曾淡淡地给出答案：“那用你的方式，打优雅的剑道就好了。”

剑道、武术、体育，可能都曾经“并不适合女性”，但坚持留在道场、武场和竞技场上的女性，用自身风格改变了定义，甚至追加了新的风格。再回溯，上班、上学、抛头露面，都曾经被认为“不适合女性”的事，如果我们固守着原本的规则，是不是应该退回到缠足和不就学的规则中去呢？

一把椅子让人坐着不舒服时，人类会想到重新设计使之舒适；而一件事情尚未变得适合女性，怎么能就直接让女性退出，为什么不能改进使之适合呢？过去数千年来，可能有许多女性未能有机会参与制定的规则，导致许多活动并不适合女性。那就从现在开始，慢慢用自己的方式，推进它的改变。

因为不用自己去影响不合适的规则，拓宽自己可立足的范围的话，就永远只能做在规则碾压下哭着离场的那一方。最后不得不在频繁的挫败感下，以“这不是我的天性，不适合我”为借口而放弃，最终眼睁睁看着自己的活动范围越来越小。

更因为脆弱皮肤骨骼包裹下的我们，比起男女，首先是由同样种类的荷尔蒙以不同比例塑造出来的，名为人类的物种。与其狭隘地用性器官的差异互相讨伐，不如欣赏万种自由的灵魂。

发现这则卫生巾广告的那年夏季，我照例参加了英国北部一个名为“蜻蜓杯”的剑道大赛。全场剑士几乎全是男性，其中大部分还是人高马大的高加索人，只有十分之一左右是女生。但最后获得“战魂”称号（攻击得分最多）的却是两名分别为日本籍和越南裔的小个子女剑士。

愿所有不甘于被限制的人也能常燃战魂。

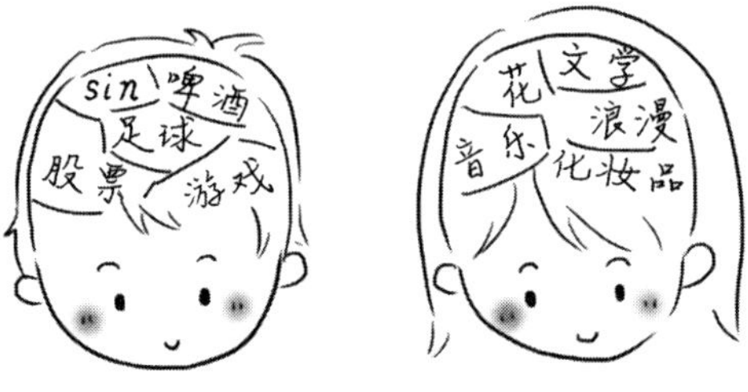

与其狭隘地用性器官差异互相讨伐，

不如欣赏万种自由的灵魂。

跋

七八年前，一位友人寄给我一本在日韩国女作家柳美里的散文集，名叫《私语词典》。那本小书很薄，包含几十篇字数在1000～1500字的短文。每篇都以一件物体或一件事为主题，讲述她自己关于此的人生故事。

那是我第一次直面的“私写作”。她不像我们接触的许多充满青春期气息的私写作那样，带有挥之不去的自我辩解或美化的嫌疑，在将自己作为写作主体的过程中，柳美里冷淡得惊人。《私语词典》就是她用这种冷淡的口吻写一系列日常事物，其中展开的故事却常叫人猝不及防。比如写印度纱这种布料，她写的是小学时穿着印度纱的裙子在补课时被骚扰。写胸部，则写体检时被公开取笑胸部发育缺陷；写新年便当，在离婚的父母家分别过新年，父亲家去得太晚，定的新年便当里的鲑鱼子已经腐坏了，父亲却固执地搅一搅吃了下去……。这些故事都没有结论，当然也没有任何目的，不做升华，也不做气氛烘托。现在想想，这种冷淡的笔法也可能是一种傲慢。而当时，它向我提示了一件珍贵的真相。那就是人和写作的相处方式原来还可以像这样：通过写，毫不辩解地、极度地坦白自己。

我翻来覆去地读了很多遍《私语词典》，那之后不久得到一个写专栏的机会，便把《私语词典》的字典形式用在了当时那个专栏里。当时的我刚工作了五六年，有许多关于自身和世界的意见与困惑，也开始有了不能通过买买买、游玩和与朋友倾谈排解的忧郁。于是每期以一个困惑或令人忧郁的症状为题写作，试图借用理性排解困惑。这个专栏里的小文，就是现在这本书的雏形。后来几经周折，终于在今年得到合适的出版机会。我自己也因为人生轨迹变化，成为一个研究者，了解了更多来自理性世界的信息，于是重新编写了其中大部分，出版成这本书。

现在看起来，这种主题加上心理学研究知识的行文，可能会被归类为科普书，但我自己并不这么看它。尽管引用了一些心理学知识来讨论每个症状，但这些研究、信息，并不是最重要的部分。

再回到柳美里的写作上。《私语词典》之后，我又陆续买了柳美里一个比较知名的私小说系列:《命》《生》《魂》《声》。整个系列讲述了她在30来岁时的人生：选择做单身妈妈，在前男友、剧作家东由多加的陪伴下生下孩子，身患癌症的东由多加死亡，独自抚养孩子的辛苦……生活看起来狼狈不堪，却又不可置疑地继续着。这样一套看起来充满“负能量”（一个当下流行的粗暴概念）的书，却深深慰藉和疗愈了当时被与日俱增的疑惑与焦虑折磨的我。

读完这套书后的五六年，我经历了跳槽升职，从编辑行业转行到展览和心理咨询，再重回学术界走上研究之路，同时从事科普和写作等一系列人生变化。现在描述起来，似乎变得迅猛，但对我自己来说，却是个探寻自我疗愈最佳道路的自然发生的过程。而这个过程中，无论咨询技术、艺术、工作流程或科学，都只是一个帮助探讨和梳理困惑的工具。

今天的人们已经能熟稔地谈起心理学的一些经典概念，也养成了通过阅读流行心理学类文章做为自我疗愈的手段（或许也会把这本书作为其中的一种买回家)。但其中却存在一股极端错误的趋势。

在运营科普公众号的过程中，我发现做为大量涉猎偏见和标签研究、力图提醒人们其弊端的心理学，在大众流行领域，实际上是被当作“标签学”对待的——人们从大量知识、假说、叙述中给自己和他人寻找标签，为自己在世界中找到一个群体，借此为自己的行为倒推理由，去辩解。这就是许多人使用流行心理学，甚至科学的方式。

阅读是为了寻找理由，转发是为了声明态度和区分于他人，以至于科普文章不冠上张牙舞爪充满刻板印象和智商优越感的标题就无法获得阅读。而科学真正的思辨、怀疑和开放精神，没有人关心。

这个现状多么讽刺。

真正作为科学的心理学并不能直接用于指导个体的人生。更重要的是，一切关心人的思想，其真正内核精神，是学习如何坦白、暴露、直接地看自己。无论咨询技术、心理学名词和概念、统计数据还是研究结论，如果不在直面自己的前提下使用，就会像蒙眼走路，随心情和需要依附于不同的理论、说法和数据，最终只能渐渐走进迷茫深处。

无论在一些有限情境下有效的咨询技术、还是由人类在严格控制实验环境下得到的观察结果，或是由目前存在限制的统计方法得出的统计结果，它们都只是工具，是一支手杖，而不是道路本身。真正的疗愈之路，大概就是像柳美里那样，即使可笑、混乱、荒唐、犯下无数错误，感到人生不可挽回，即使如此也要毫不畏惧地，几乎是恬不知耻地，坚持直面自己。

写这篇文章前搜到柳美里的博客。她像个正儿八经的作家那样，每篇都写得很长。博客中已经自称有一家三口，当时未婚生下的婚外私生子16岁了。一家三口中的第三人是同居男友，比她小15岁，她在文章中有时称他为“珍念”，有时称“时雨”。还养了一只叫“由纪夫”的猫。看起来一切都过去了。

像她那样活的话，不依靠心理学或别的什么也是完全没问题的。

所以，对我来说最好的是，读完这本书后，你发觉自己不需要这本书。

柯　晗

2016年9月